大学信息技术基础实验教程

DAXUE XINXI JISHU JICHU SHIYAN JIAOCHENG

毛科技　竺超明　主　编
戴小春　陈立建　周　雪　钱　芳　王炳忠　副主编

浙江工商大学出版社
ZHEJIANG GONGSHANG UNIVERSITY PRESS
·杭州·

图书在版编目（CIP）数据

大学信息技术基础实验教程 / 毛科技，竺超明主编 .
—杭州：浙江工商大学出版社，2021.7（2023.7 重印）
ISBN 978-7-5178-4469-3

Ⅰ . ①大… Ⅱ . ①毛… ②竺… Ⅲ . ①电子计算机—
高等学校—教材 Ⅳ . ① TP3

中国版本图书馆 CIP 数据核字（2021）第 078782 号

大学信息技术基础实验教程
DAXUE XINXI JISHU JICHU SHIYAN JIAOCHENG
毛科技 竺超明 主 编 戴小春 陈立建 周 雪 钱 芳 王炳忠 副主编

责任编辑 姚 媛
封面设计 林朦朦
责任校对 沈黎鹏
责任印制 包建辉
出版发行 浙江工商大学出版社
（杭州市教工路 198 号 邮政编码 310012）
（E-mail：zjgsupress@163.com）
（网址：http：//www.zjgsupress.com）
电话：0571-88904980，88831806（传真）
排 版 杭州市拱墅区冰橘平面设计工作室
印 刷 杭州高腾印务有限公司
开 本 787mm×1092mm 1/16
印 张 6
字 数 109 千
版 印 次 2021 年 7 月第 1 版 2023 年 7 月第 4 次印刷
书 号 ISBN 978-7-5178-4469-3
定 价 36.00 元

前 言

本书是与主教材《大学信息技术基础》配套的实验指导教材，目的在于指导学生更好地复习所学知识，完成实践环节，提高上机实验的效率。通过结合主教材，使学生掌握计算机的基础知识，具备计算机的基本应用使用能力。

本书实验部分主要包括计算机硬件、Windows 10 系统、Word 2019、Excel 2019、Powerpoint 2019 和计算机网络与安全 6 章共 14 个实验。每个实验包括实验目的、实验内容和步骤等部分。本书注重新技术综合应用能力的培养，引导学生系统掌握现代计算机技术的应用。本教材强化了对学生计算思维的培养，以提高学生的计算机综合应用技能。

全书共分 6 章。第 1 章由浙江工业大学的毛科技和浙江开放大学的竺超明编写，第 2 章由浙江开放大学的竺超明和钱芳编写，第 3 章由浙江工业大学的毛科技编写，第 4 章由浙江工业大学的毛科技和浙江开放大学的周雪编写，第 5 章由浙江工业大学的毛科技、浙江工业大学戴小春和王炳忠编写，第 6 章由浙江开放大学的陈立建和浙江工业大学的毛科技编写。全书由毛科技和竺超明完成统稿工作。

本书既可与主教材配套使用，也可单独作为大学信息技术基础课程和大学计算机基础课程上机实训的教材。

本教材受浙江工业大学重点教材建设项目资助，对此表示感谢！

由于时间紧迫以及作者的水平有限，书中难免有不足之处，恳请批评和指正。

编　者

2021 年 7 月于杭州

目　录

1 计算机硬件

1.1 实验一 计算机硬件

1.1.1 实验目的

①了解组成计算机的主要硬件设备。

②了解计算机中各硬件设备的作用。

③了解计算机中各硬件设备的主要参数。

1.1.2 实验内容和步骤

1）查询最新的 CPU 的型号及相关参数

（1）Intel 系列主流 CPU

Intel 系列主流 CPU 包括如下系列：酷睿 i9、酷睿 i7、酷睿 i5、酷睿 i3。其中，Intel 酷睿 i9 10900K 的详细参数如表 1-1 所示，外包装如图 1-1 所示。

表 1-1 Intel 酷睿 i9 10900K 的详细参数表

基本参数	性能参数	基本参数	性能参数
CPU 系列	酷睿 i9 10 代系列	CPU 主频	3.7 GHz
适用类型	台式机	最高睿频	5.3 GHz
制作工艺	14 nm	核心数量	十核心
核心代号	Comet Lake-S	线程数量	二十线程
插槽类型	LGA 1200	三级缓存	20 MB
封装大小	37.5 mm×37.5 mm	总线规格	DMI3 8GT/s
包装形式	盒装	热设计功耗	125 W

图 1-1　Intel 酷睿 i9 10900K 外包装图

（2）AMD 系列主流 CPU

AMD 系列主流 CPU 包括如下系列：Ryzen Threadripper、Ryzen 9、Ryzen 7、Ryzen 5、Ryzen 3。其中，AMD Ryzen Threadripper 3990X 的详细参数如表 1-2 所示，外包装如图 1-2 所示。

表 1-2　AMD Ryzen Threadripper 3990X 的详细参数表

基本参数	性能参数	基本参数	性能参数
CPU 系列	AMD Ryzen Threadripper 3000	CPU 主频	2.9 GHz
适用类型	台式机	动态加速频率	4.3 GHz
制作工艺	7 nm	核心数量	六十四核心
CPU 架构	Zen 2	线程数量	一百二十八线程
插槽类型	Socket sTRX4	三级缓存	256 MB
包装形式	盒装	热设计功耗	250 W

图 1-2　AMD Ryzen Threadripper 3990X 外包装图

2）查询最新的 GPU 的型号及相关参数

（1）NVIDIA 系列主流 GPU

NVIDIA 系列主流 GPU 包括如下系列：RTX 3090、RTX 3080、RTX 3070、RTX 3060、RTX 3060Ti、RTX 2080Ti、RTX 2080 SUPER、RTX 2070 SUPER 等。其中，微星 GeForce RTX 3090 AERO 的详细参数如表 1-3 所示，产品如图 1-3 所示。

表 1-3　微星 GeForce RTX 3090 AERO 的详细参数

基本参数	性能参数	基本参数	性能参数
芯片厂商	NVIDIA	显存类型	GDDR6X
显卡芯片	GeForce RTX3090	显存容量	24 GB
显卡芯片系列	NVIDIA RTX30 系列	显存位宽	384 bit
制作工艺	8 nm	最大分辨率	7680×4320
核心代号	GA102-300	接口类型	PCI Express 4.0 16 X
核心频率	1695 MHz	I/O 接口	1×HDMI 接口，3×DisplayPort 接口
CUDA 核心	10496 个	显卡类型	专业级
显存频率	19500 MHz	散热方式	涡轮风扇

图 1-3 微星 GeForce RTX 3090 AERO 产品图

（2）AMD 系列主流 GPU

AMD 系列主流 GPU 包括如下系列：RX 6900 XT、RX 6800 XT、RX 6700 XT、RX 6800、RX 5700 XT、RX 5700、RX 5600 XT、RX 5500 XT。其中，华擎 Radeon RX 6900 XT Phantom Gaming D 16G OC 的详细参数如表 1-4 所示，产品如图 1-4 所示。

表 1-4 华擎 Radeon RX 6900 XT Phantom Gaming D 16G OC 的详细参数

基本参数	性能参数	基本参数	性能参数
芯片厂商	AMD	显存类型	GDDR6
显卡芯片	Radeon RX 6900 XT	显存容量	16 GB
显卡芯片系列	AMD RX 系列	显存位宽	256 bit
制作工艺	8 nm	最大分辨率	7680×4320
核心代号	Navi 21	接口类型	PCI Express 4.0 16X
核心频率	基础频率：1925 MHz	I/O 接口	1×HDMI 接口，3×DisplayPort 接口
CUDA 核心	5120 个	电源接口	8 pin+8 pin+8 pin
显存频率	16000 MHz	显卡类型	发烧级

图 1-4 华擎 Radeon RX 6900 XT Phantom Gaming D 16G OC 产品图

1.1.3 实训内容

①查询最新的内存型号及参数，并用表格的形式列出其中一款型号的详细参数。

②查询最新的主板型号及参数，并用表格的形式列出其中一款型号的详细参数。

③查询最新的硬盘型号及参数，并用表格的形式列出其中一款型号的详细参数。

④查询最新的显示器型号及参数，并用表格的形式列出其中一款型号的详细参数。

⑤查询 CPU Intel 酷睿 i7 11700K 的详细参数。

⑥查询显卡华硕 ROG-STRIX-RTX3080-O10G-WHITE 的详细参数。

⑦假设有 7000 元的预算，你会怎么配置一台性能较好的计算机呢？请将相关配置填在表 1-5 中。

表 1-5　计算机基本配置表

名　称	品　牌	型号规格	价格（元）
主板			
CPU			
内存			
硬盘			
显卡			
显示器			
鼠标键盘			
机箱电源			
音箱			
总计			

1.2 实验二　计算机的组装

1.2.1 实验目的

①能够运用所学的关于计算机部件的基本知识来组装一台完整的计算机。

②培养计算机组装的基本技能，为今后能够独立购置、组装计算机奠定基础。

1.2.2 实验内容和步骤

利用一套完整的计算机部件来组装一台计算机，要求能够正常通电开机，没有任何报错。具体材料和要求如下。

①准备好自己的安装工具（十字螺丝刀等），确认自己的计算机部件是否完整。本教程以 Intel B250 平台为例，主板来自微星 B250M BAZOOKA，基于 Intel B250 芯片组，M-ATX 规格，支持第 6 代 / 第 7 代 Intel Core i3/i5/i7 处理器以及 LGA1151 Pentium/Celeron 处理器，储存扩展提供 6 个 SATA 和 1 个 M.2 扩展。

②安装电源、CPU、主板、内存条、显卡、硬盘、软驱、光驱等，连接电源线、数据线、前面板控制线、信号线等，并关好机箱面板，连接键盘、鼠标。

1）安装 CPU

找到 CPU 表面的两个凹槽和一个金色三角标识，以便于 CPU 能正确装入主板的脚座。其中金色三角标识为第一脚位所在的位置，如图 1-5 所示。

按下主板 CPU 脚座上的拉杆即可打开脚座上盖，如图 1-6 所示。这个时候需要注意脚座上的针脚，千万不能用硬物去触碰，只需要按照正确的方向把 CPU 放到脚座上即可。

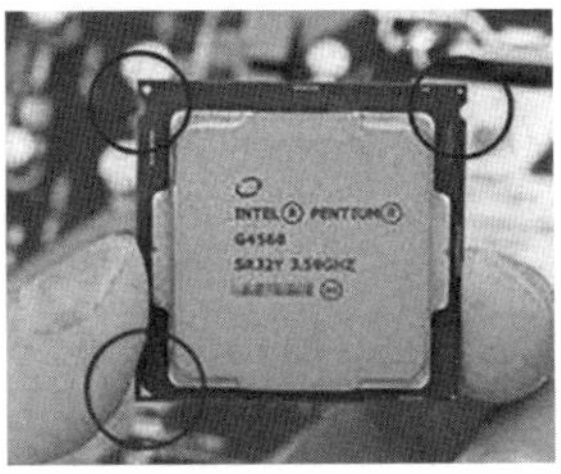

图 1-5　CPU 表面的金色三角标识

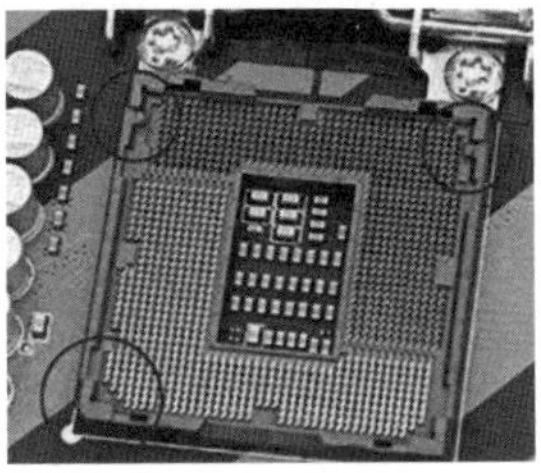

图 1-6　打开脚座上盖

CPU 上的凹槽与脚座上的凸点对齐即为正确安装，如图 1-7 所示。

把上盖盖上，并把拉杆下压、扣好，即完成了 CPU 的安装，如图 1-8 所示。

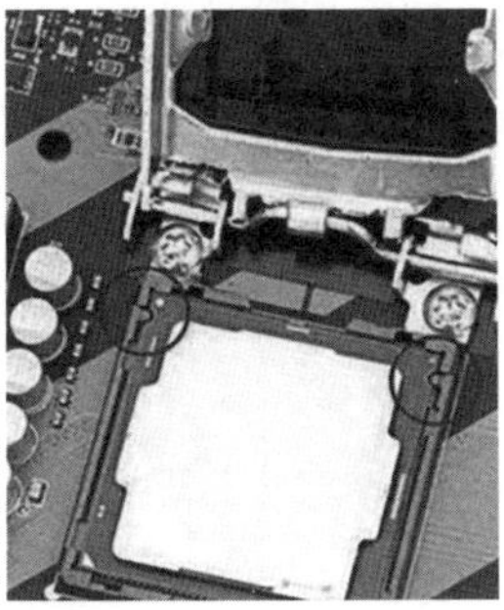

图 1-7　将凹槽与凸点对齐

图 1-8　完成 CPU 安装

2）安装 CPU 散热器

将散热器塑料针脚卡扣与 CPU 四角的四个圆孔对齐之后，分别以对角线的方式用力往下压即可将 CPU 散热风扇固定到主板上，然后接上接线，完成散热器的安装，如图 1-9 所示。

图 1-9　安装 CPU 散热器

安装 CPU 散热器时，在卡扣安装到位的时候会听到清脆的“咔咔”声，装完之后别忘了翻转主板检查一下。

3）安装内存条

安装内存条时只需将其插入插槽内，由于内存条上有一个凹痕，所以只能以一个方向插入。不同的插槽，内存条大小可能不同。

找到插槽上的凸点以及内存“金手指”上面的缺口，该缺口左右两边长度不一，应避免从反方向插入内存条，如图 1-10 所示。

把内存条往插槽上面放好并用力按下两端即可把内存条装好，当内存条固定到位的时候同样会听到清脆的“咔咔”声，同时，之前按下的卡扣也会回归原位，如图 1-11 所示。

将卡扣向内推，卡住内存条。一旦固定位置，两旁的卡扣便自动卡住内存条予以固定。试着轻轻摇动内存条，若不摇晃则装置成功。

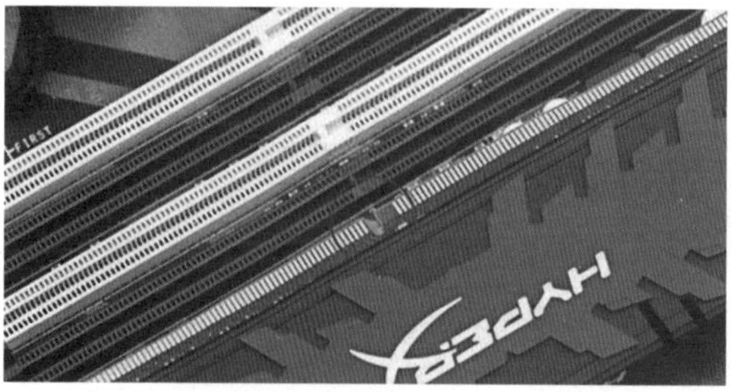

图 1-10　插槽上的缺口

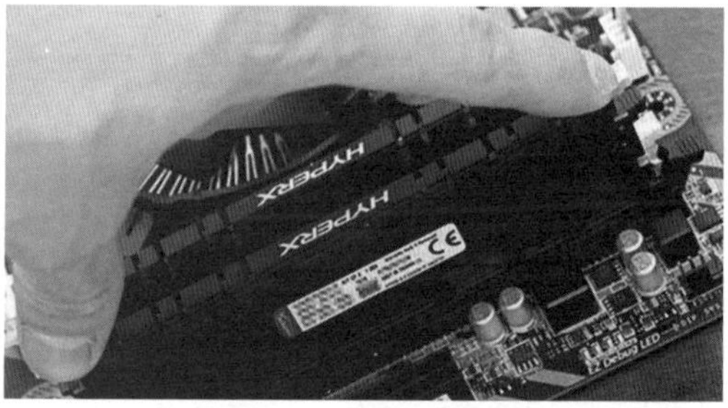

图 1-11　按下内存条

4）主机机箱的准备工作

找到 IO 挡板并固定到机箱上面，如图 1-12 所示。

把螺柱固定到相应主板的螺丝孔上面，如图 1-13 所示。

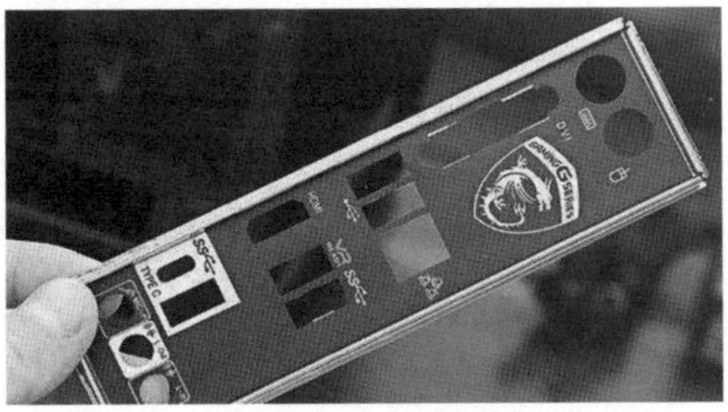

图 1-12　IO 挡板

图 1-13　用螺丝固定

5）主板的安装

有的主板接口与机箱背部面板不匹配，因此需要重新安装机箱背部面板。在主板的包装盒里取出机箱背部面板，替换原来机箱上的背部面板。

选择好合适的固定主板的孔位，安装好铜柱和绝缘支撑座，固定安装主板所需的螺丝，让主板平稳地固定于主机内的正确位置，如图 1-14 所示。

连接机箱的前置音频接口，前置音频的插针通常在主板左下角，如图 1-15 和 1-16 所示。

图 1-14　固定主板

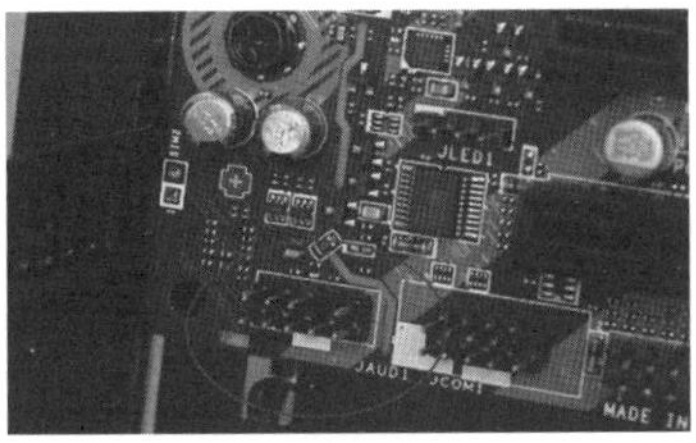

图 1-15　前置音频的插针（1）

图 1-16　前置音频的插针（2）

连接开机、重新启动、电源灯以及硬盘读写指示灯等接口，如图 1-17、图 1-18 和图 1-19 所示。

图 1-17　各种接口（1）

图 1-18　各种接口（2）

图 1-19　各种接口（3）

6）硬盘的安装

将硬盘推入导槽内，对准硬盘与导槽的空位，选择合适的螺丝固定好硬盘。将串线对准后插入硬盘，接好硬盘的电源，如图 1-20 所示。

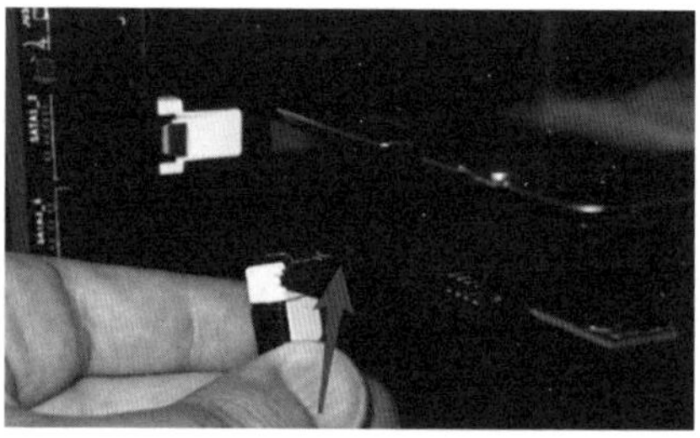

图 1-20　安装硬盘

7）接上外围设备及电源

将 USB 鼠标、键盘接到主机箱背面，再将电源线接到电源。

8）开机检测

检查所有硬件连接是否正确，重点检查有电源连接的部分（以预防烧坏部件），确定无误后再通电。

按动主机电源开关，如果组装没有问题就会进入开机自检界面，如安装有误则不会启动，计算机还会发出警报。

1.2.3　实训内容

①将 CPU 正确装入主板的脚座，并为其安装散热器。

②将内存条装入内存插槽，并扣紧。

③在主机箱内安装主板、电源等配件。

④打开电源，看是否能顺利启动计算机，如不能，排查故障并解除故障。

2 Windows 10 系统

2.1 实验一 Windows 10 系统的基本操作

2.1.1 实验目的

①熟悉上机环境，掌握启动与退出 Windows 10 系统的方法。

②掌握窗口的基本操作。

③掌握在 Windows 10 系统环境下对文件及文件夹的基本操作。

2.1.2 实验内容和步骤

1）Windows 10 系统的启动与退出

按下计算机的开机电源之后，计算机会自动启动 Windows 10 系统，若无计算机开机密码和操作系统密码，则计算机会自动跳转到 Windows 10 系统桌面，如图 2-1 所示。

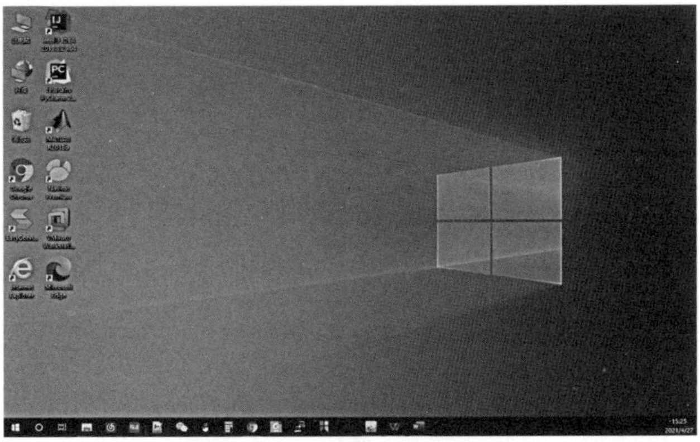

图 2-1 Windows 10 系统桌面

当用户不需要使用计算机时，可以通过“关机”功能，关闭计算机系统。点击“开始”菜单按钮，在弹出的对话框中点击“电源”按钮，这时会跳出 3 个选项，如图 2-2 所示。“关机”表示不再使用计算机，关闭计算机和操作系统；“睡眠”表示暂时不使用计算机，又不想中断当前的工作；“重启”表示重新启动计算机和操作系统。

图 2-2 “电源”选项

2）窗口的基本操作

（1）关闭窗口

双击桌面上的计算机图标 ，打开图 2-3 所示的窗口。若要关闭该窗口，只要点击右上角的 × 按钮即可。

（2）移动窗口

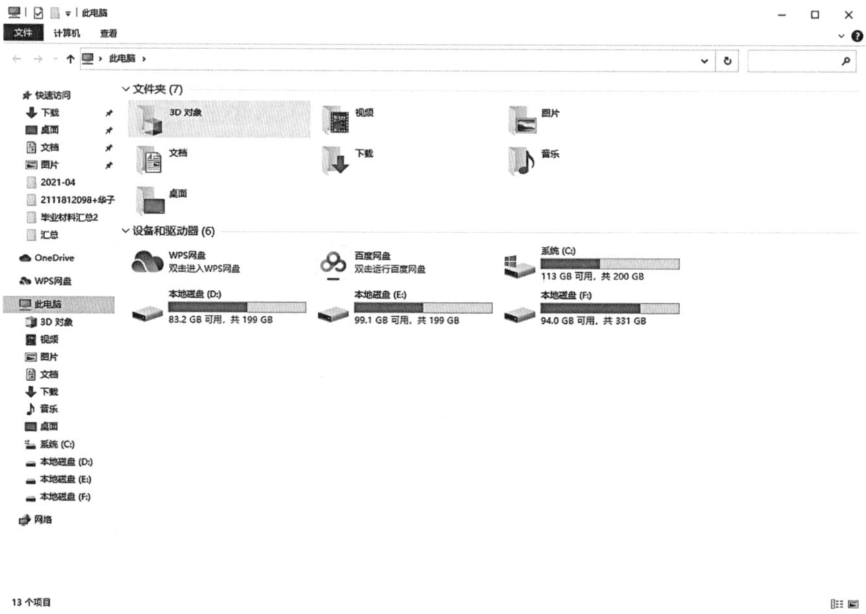

图 2-3 “计算机”窗口

操作鼠标将光标移到窗口标题栏，然后进行拖拽即可移动窗口位置。在 Windows 10 系统中，将窗口拖拽到左上角或者右上角时，窗口会半屏显示，将窗口拖拽到顶端时，窗口会全屏显示。

（3）调整窗口大小

将鼠标移到窗口的边框上，当鼠标变成双向箭头时，按住鼠标左键即可对窗口进行放大或缩小的操作。

（4）隐藏窗口

隐藏窗口也叫作最小化窗口，点击窗口右上角的按钮，即可隐藏窗口，只显示在任务栏中。

（5）切换窗口

当用户打开多个窗口，想要进行切换时，除了可以通过任务栏中的隐藏窗口来选择想要切换的程序，还可以通过 Alt+Tab 组合键来进行窗口的切换，如图 2-4 所示。

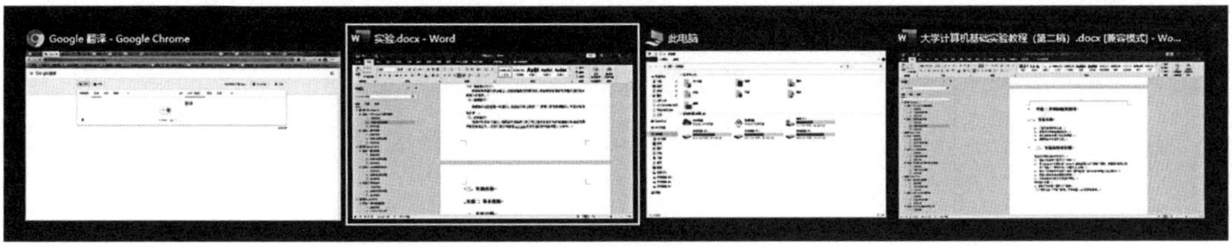

图 2-4　快捷键切换窗口

3）文件及文件夹的基本操作

（1）新建和重命名文件及文件夹

从桌面打开“此电脑”，如图 2-5 所示。

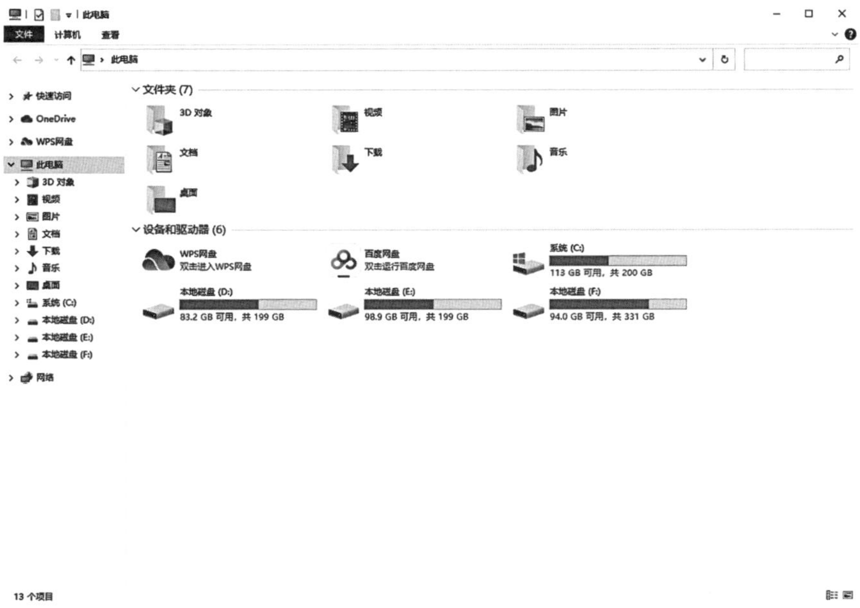

图 2-5　此电脑

双击 C 盘，打开 C 盘，如图 2-6 所示。

在空白处单击右键，在打开的快捷菜单中选择“新建”→“文件夹”，如图 2-7 所示，新建一个文件夹，并命名为“doc1”，如图 2-8 所示。

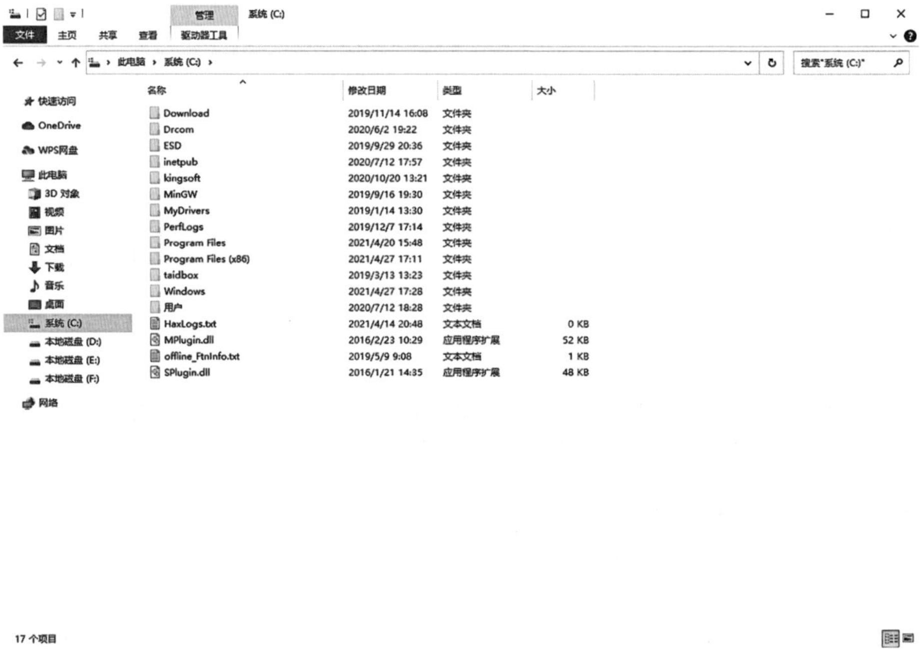

图 2-6　C 盘

图 2-7　新建文件夹

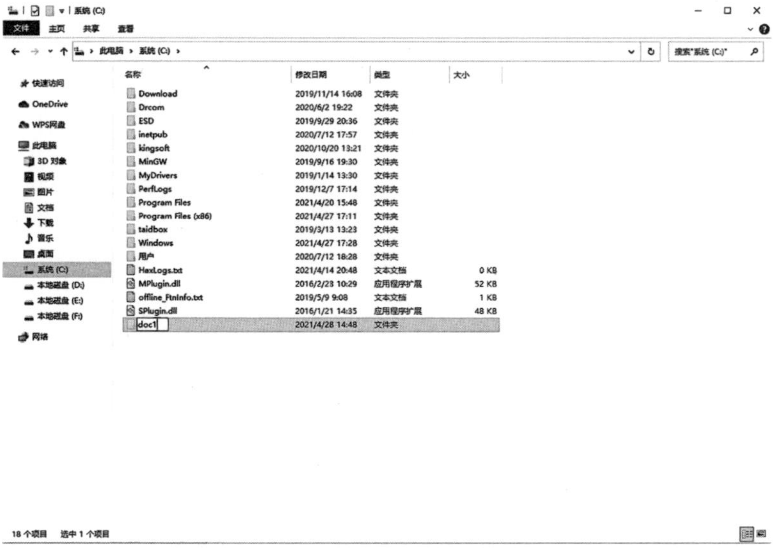

图 2-8　命名为“doc1”

打开 doc1 文件夹，在空白处单击右键，在打开的快捷菜单中选择“新建”→“文本文档”，如图 2-9 所示，并命名为“test1”，如图 2-10 所示。

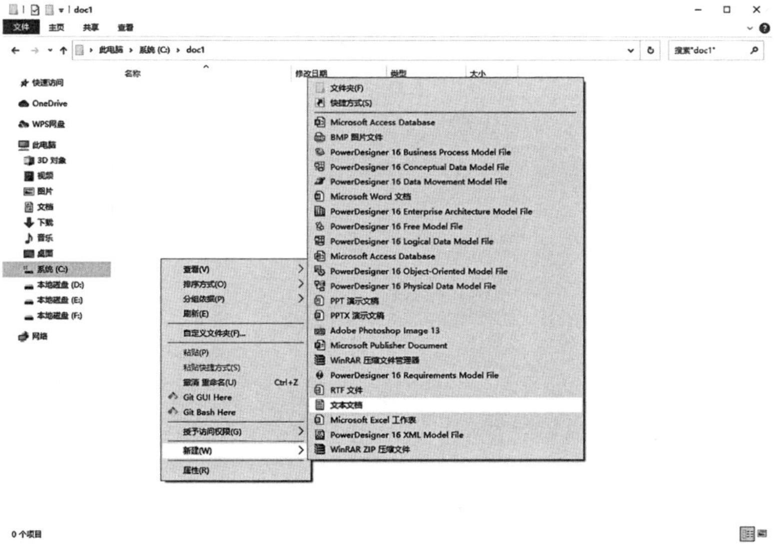

图 2-9　新建文本文档

图 2-10 命名为“test1”

（2）移动文件

以相同方法在 C 盘下新建 doc2 文件夹和 test2 文本文档，并在 test2 上单击右键，在打开的快捷菜单中选择“剪切”，如图 2-11 所示。

图 2-11 剪切

在 doc1 文件夹的空白处单击右键，在打开的快捷菜单中选择“粘贴”，如图 2−12 所示，test2 文件就被复制到 doc1 文件夹中了。

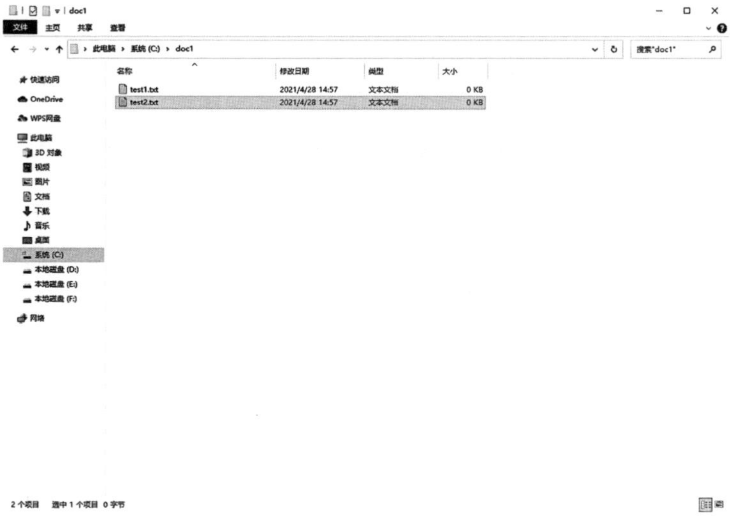

图 2−12　粘贴文档

（3）复制及删除文件

在 doc1 文件夹中的 test1 文件上单击右键，在打开的快捷菜单中选择“复制”，如图 2−13 所示，再在 doc2 文件夹的空白处单击右键，在打开的快捷菜单中选择“粘贴”，如图 2−14 所示，完成文件的复制。

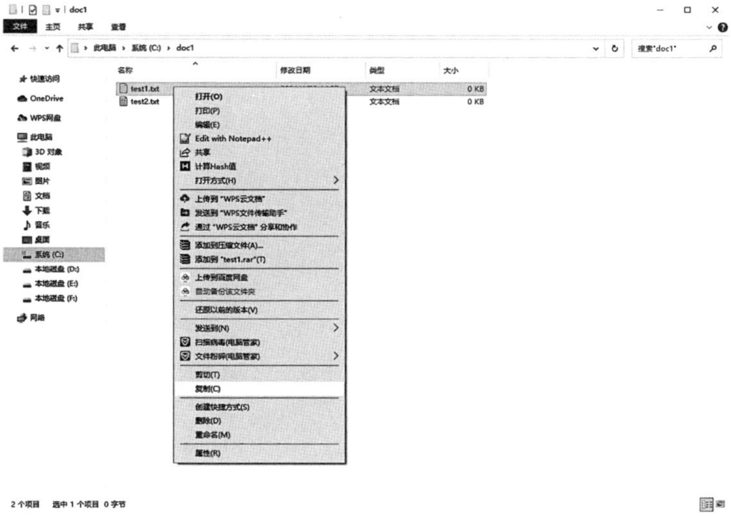

图 2−13　复制文件

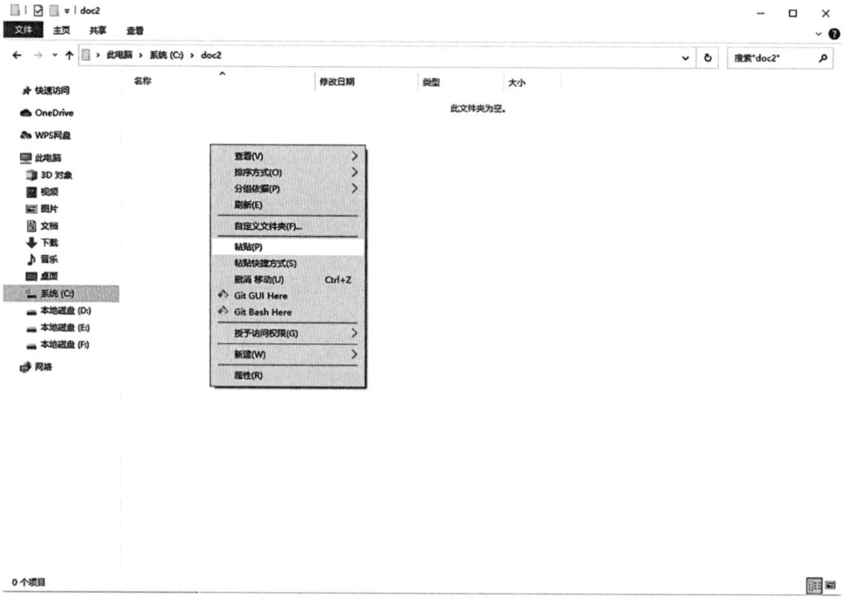

图 2-14　粘贴文件

粘贴完毕的 doc2 文件夹如图 2-15 所示。

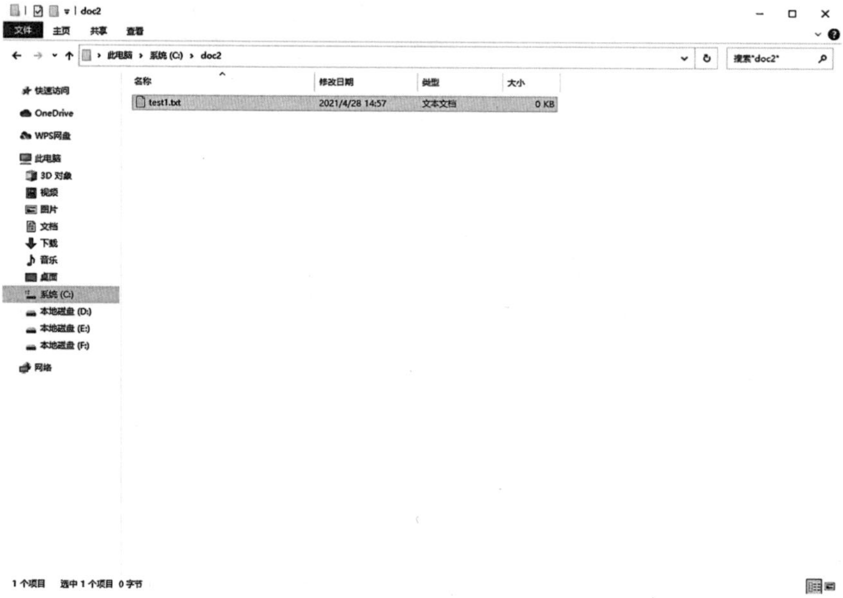

图 2-15　doc2 文件夹

2.1.3 实训内容

①打开任意程序，然后利用任务管理器查看该程序所占的 CPU 和内存资源，并用任务管理器结束该程序。

②在 C 盘创建一个名为 picture 的文件夹，用绘图程序绘制奥运五环图标，文件取名为“我的奥运五环”，并存入 picture 文件夹。

③创建一个名为“关于我”的 txt 文件，在其中输入名字和学号，保存之后将其删除，再将其恢复。

2.2 实验二 “Windows 设置”面板的使用

2.2.1 实验目的

①了解“Windows 设置”面板的功能。

②掌握用“Windows 设置”面板删除程序。

③添加打印机。

④掌握定制个性化工作环境的方法。

2.2.2 实验内容和步骤

1）删除“阿里旺旺”程序

鼠标点击“开始”按钮，打开图 2-16 所示的“开始”菜单。

点击 按钮，打开“Windows 设置”面板，如图 2-17 所示。

点击“应用和功能”按钮，打开图 2-18 所示的面板，并找到“阿里旺旺”程序。

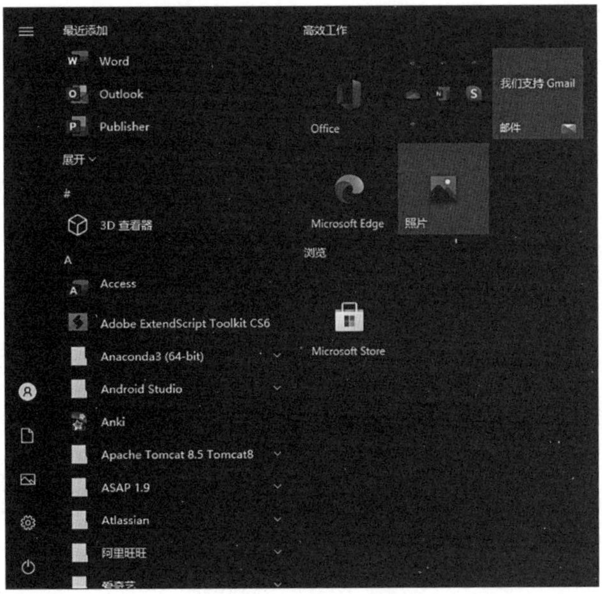

图 2-16 “开始”菜单

图 2-17 “Windows 设置”面板

图 2-18 “应用和功能”

点击“阿里旺旺”，如图 2-19 所示。点击“卸载”按钮，跳出图 2-20 所示的对话框，点击“卸载”，计算机开始卸载程序。当跳出图 2-21 所示的窗口时，该程序卸载完毕，点击“确定”即可。

图 2-19 阿里旺旺

图 2-20 卸载

图 2-21 卸载完毕

2）添加打印机

打开“Windows 设置”面板，点击“设备”按钮，在弹出的面板中点击“打印机和扫描仪”按钮，如图 2-22 所示。

点击“添加打印机或扫描仪”按钮，系统则开始搜索当前能够连接的打印机和扫描仪，如图 2-23 所示。

待系统搜索完毕之后，选择想要连接的打印机，如图 2-24 所示，点击“添加设备”后，系统开始连接该打印机。

添加完毕，如图 2-25 所示。

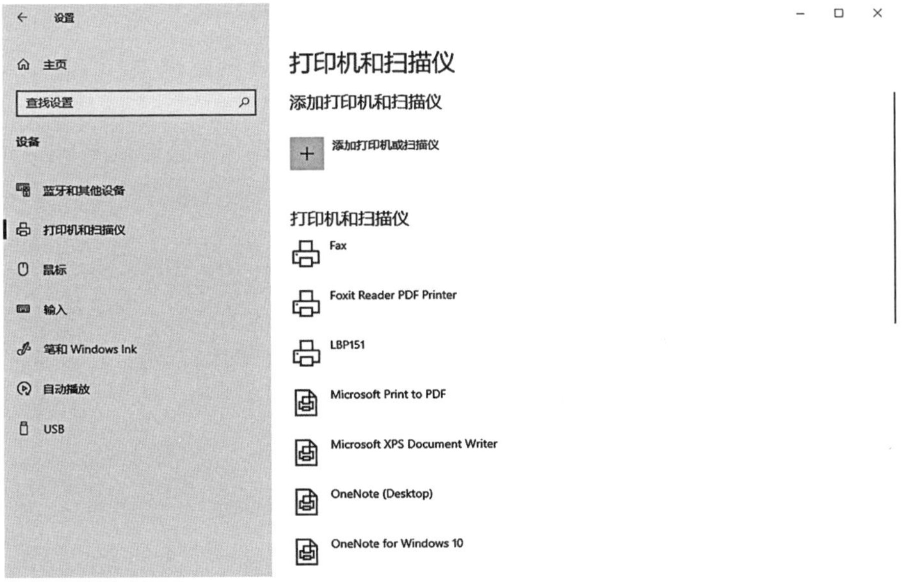

图 2-22 “打印机和扫描仪”

图 2-23　正在搜索打印机和扫描仪

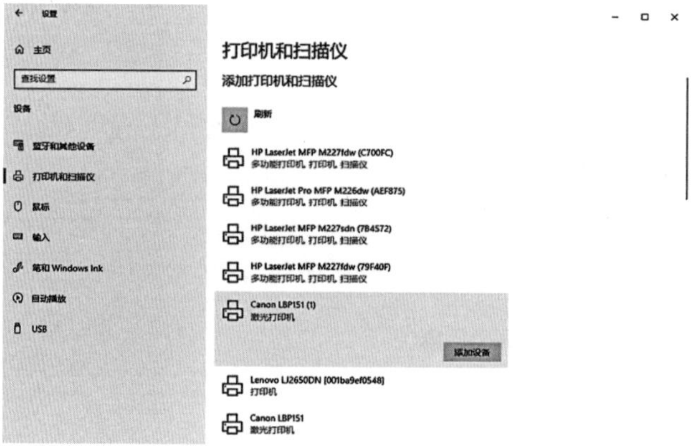

图 2-24　添加设备

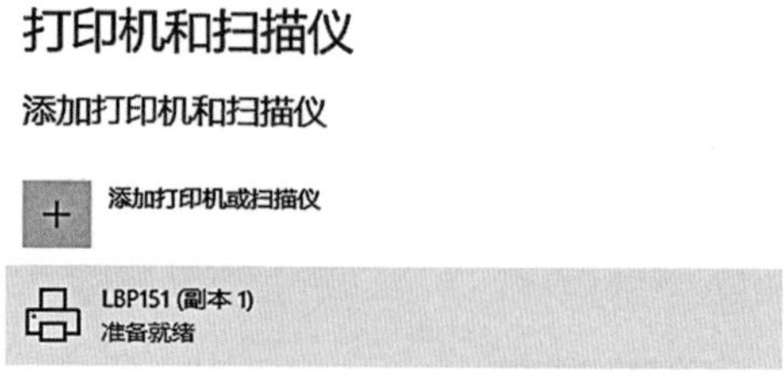

图 2-25　添加完成

3）定制个性化工作环境

（1）设置桌面主题

在桌面空白处右击，点击“个性化”按钮，跳出图 2–26 所示的窗口。在“选择图片”中选择合适的图片。

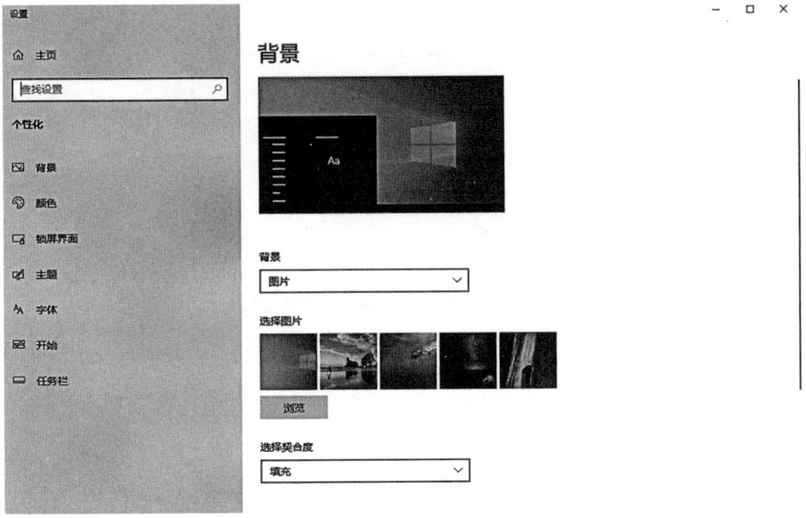

图 2–26　桌面主题

（2）设置桌面主题幻灯片放映

在桌面空白处右击，点击“个性化”按钮，跳出图 2–26 所示的窗口。在“背景”选项框中选择“幻灯片放映”，如图 2–27 所示，选择好需要放映的图片并设置图片切换频率。

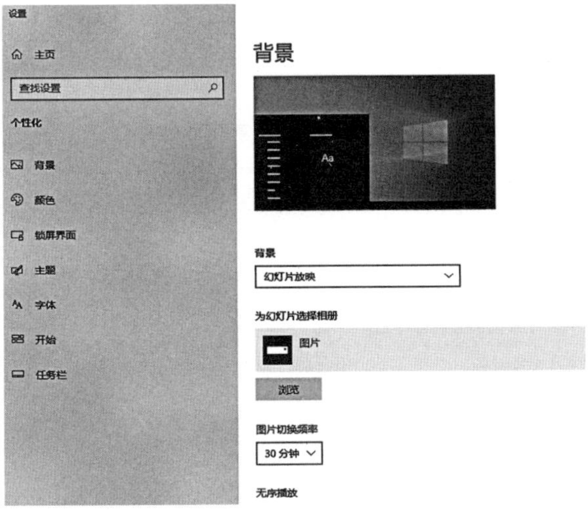

图 2–27　幻灯片放映

（3）设置屏幕保护程序

在桌面空白处右击，点击“个性化”按钮，跳出图 2–26 所示的窗口。点击“锁屏界面”按钮，在窗口右栏点击“屏幕保护程序设置”，如图 2–28 所示。设置好相应的参数即可。

图 2–28 “屏幕保护程序设置”窗口

（4）设置日期和时间

打开“Windows 设置”面板，选择“时间和语言”选项，如图 2–29 所示。设置好相应的参数。

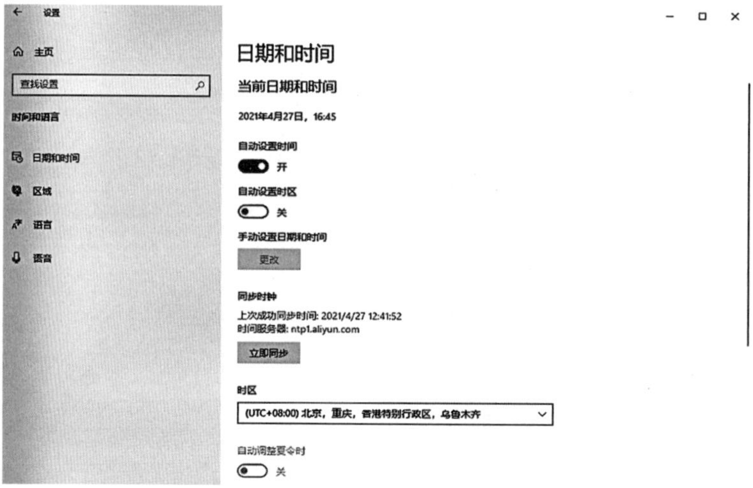

图 2–29 “日期和时间”

（5）设置音量

点击桌面右下角 按钮，跳出图 2–30 所示的“音量”对话框。拖拽音量调节按钮调节音量大小。

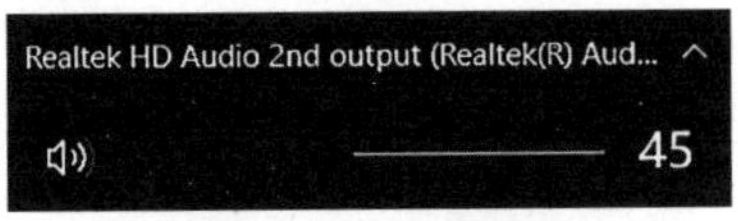

图 2–30　设置音量

2.2.3　实训内容

①利用控制面板将任务栏设置为自动隐藏，并锁定任务栏。

②自行选择一张图片，将其更换为桌面背景，设置屏幕保护程序为“变换线”，等待时间设置为 30 min。

3 Word 2019

3.1 实验一 基本排版

3.1.1 实验目的

①掌握 Word 文档版面简单的编排方法。

②掌握艺术字体的使用。

③掌握日期以及脚注的插入。

④掌握 Word 文档水印的制作方法及文档的安全保护设置。

3.1.2 实验内容和步骤

1）启动 Word 2019

输入图 3-1 所示的文章，保存文档，文档名为“普通排版”。

2）段落编排

将图 3-1 文章中的题目设置为：艺术字、黑体、一号、居中。选中标题，点击“插入”选项框“文本功能框”的“艺术字”按钮，如图 3-2 所示，选择合适的艺术字。选中作者姓名，设置为：宋体、四号、居中。选中作者姓名后面的所有正文段落，设置为：宋体、三号。点击“开始”选项卡中“段落”功能组右下角的启动按钮（ ），在弹出的“段落”对话框中设置“首行缩进”2字符，单倍行距。单击“布局”选项卡“页面设置”功能组中的“分栏”按钮，在弹出的下拉列表框中单击“更多分栏”，弹出“分栏”对话框，如图 3–3 所示，设置对话框中相应的项。单击“确定”按钮，将文章分为两栏。完成设置后的文章如图 3–4 所示。

我交给你们一个孩子↵
张晓风↵
小男孩走出大门，返身向四楼阳台上的我招手，说：↵
“再见！”那是好多年前的事了，那个早晨是他开始上小学的第二天。↵
我其实仍然可以像昨天一样，再陪他一次，但我却狠下心来，看他自己单独去了。他有属于他的一生，是我不能相陪的，母子一场，只能看做一把借来的琴，能弹多久，便弹多久，但借来的岁月毕竟是有其归还期限的。↵
他欢然地走出长巷，很听话地既不跑也不跳，一副循规蹈矩的模样。我一个人怔怔地望着巷子下细细的朝阳而落泪。↵
想大声地告诉全城市，今天早晨，我交给你们一个小男孩，他还不知恐惧为何物，我却是知道的，我开始恐惧自己有没有交错？↵
我把他交给马路，我要他遵守规矩沿着人行道而行，但是，匆匆的路人啊，你们能够小心一点吗？不要撞倒我的孩子，我把我的至爱交给了纵横的道路，容许我看见他平平安安地回来！↵
我不曾搬迁户口，我们不要越区就读，我们让孩子读本区内的国民小学而不是某些私立明星小学，我努力去信任自己的教育当局，而且，是以自己的儿女为赌注来信任——但是，学校啊，当我把我的孩子交给你，你保证给他怎样的教育？今天清晨，我交给你一个欢欣诚实又颖悟的小男孩，多年以后，你将还我一个怎样的青年？↵
他开始识字，开始读书，当然，他也要读报纸、听音乐或看电视、电影，古往今来的撰述者啊，各种方式的知识传递者啊，我的孩子会因你们得到什么呢？你们将饮之以琼浆，灌之以醍醐，还是哺之以糟粕？他会因而变得正直、忠信，还是学会奸滑诡诈？当我把我的孩子交出来，当他向这世界求知若渴，世界啊，你给他的会是什么呢？↵
世界啊，今天早晨，我，一个母亲，向你交出她可爱的小男孩，而你们将还我一个怎样的呢？↵

图 3–1 排版内容

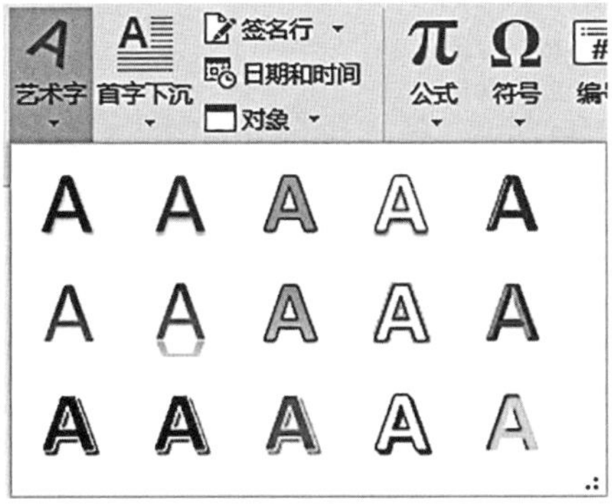

图 3–2 “艺术字”

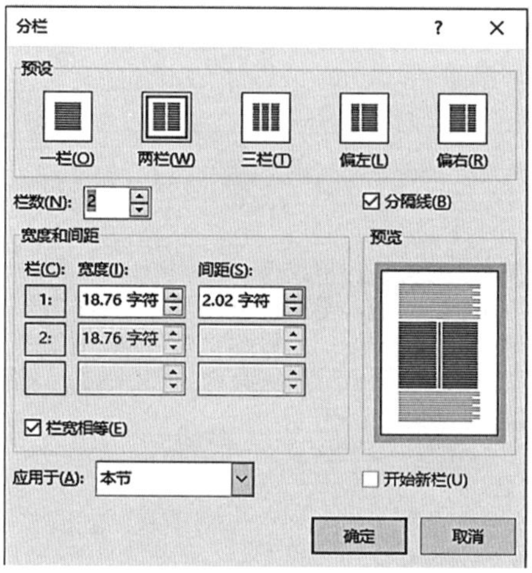

图 3-3 “分栏”对话框

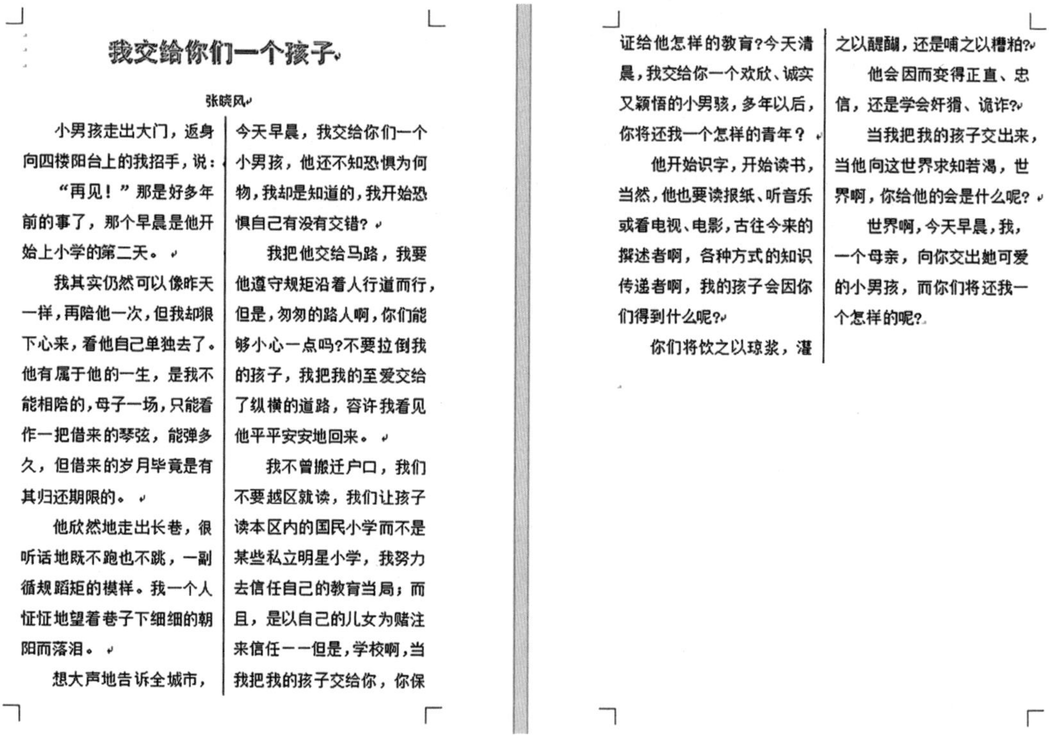

我交给你们一个孩子

张晓风

小男孩走出大门，返身向四楼阳台上的我招手，说：“再见！”那是好多年前的事了，那个早晨是他开始上小学的第二天。

我其实仍然可以像昨天一样，再陪他一次，但我却狠下心来，看他自己单独去了。他有属于他的一生，是我不能相陪的，母子一场，只能看作一把借来的琴弦，能弹多久，但借来的岁月毕竟是有其归还期限的。

他欣然地走出长巷，很听话地既不跑也不跳，一副循规蹈矩的模样。我一个人怔怔地望着巷子下细细的朝阳而落泪。

想大声地告诉全城市，今天早晨，我交给你们一个小男孩，他还不知恐惧为何物，我却是知道的，我开始恐惧自己有没有交错？

我把他交给马路，我要他遵守规矩沿着人行道而行，但是，匆匆的路人啊，你们能够小心一点吗?不要拉倒我的孩子，我把我的至爱交给了纵横的道路，容许我看见他平平安安地回来。

我不曾搬迁户口，我们不要越区就读，我们让孩子读本区内的国民小学而不是某些私立明星小学，我努力去信任自己的教育当局；而且，是以自己的儿女为赌注来信任——但是，学校啊，当我把我的孩子交给你，你保证给他怎样的教育?今天清晨，我交给你一个欢欣、诚实又颖悟的小男孩，多年以后，你将还我一个怎样的青年？

他开始识字，开始读书，当然，他也要读报纸、听音乐或看电视、电影，古往今来的撰述者啊，各种方式的知识传递者啊，我的孩子会因你们得到什么呢?

你们将饮之以琼浆，灌之以醍醐，还是哺之以糟粕?

他会因而变得正直、忠信，还是学会奸猾、诡诈?

当我把我的孩子交出来，当他向这世界求知若渴，世界啊，你给他的会是什么呢？

世界啊，今天早晨，我，一个母亲，向你交出她可爱的小男孩，而你们将还我一个怎样的呢?

图 3-4 分栏效果图

3）插入日期及脚注

将光标移到作者名字末尾，按 Enter 键空一行，点击“插入”选项卡“文本”功能组的“日期和时间”按钮，弹出“日期和时间”对话框，如图 3–5 所示，选择相应的格式，并勾选“自动更新”选项框。以给“醍醐”加脚注为例，将光标插入点移至正文中“醍醐”后面，单击“引用”选项卡“脚注”功能区中的 按钮，弹出“脚注和尾注”对话框，如图 3–6 所示，在“脚注布局”中选择“1 列”，点击“插入”。在页面底部的编号后插入图 3–7 所示文字。

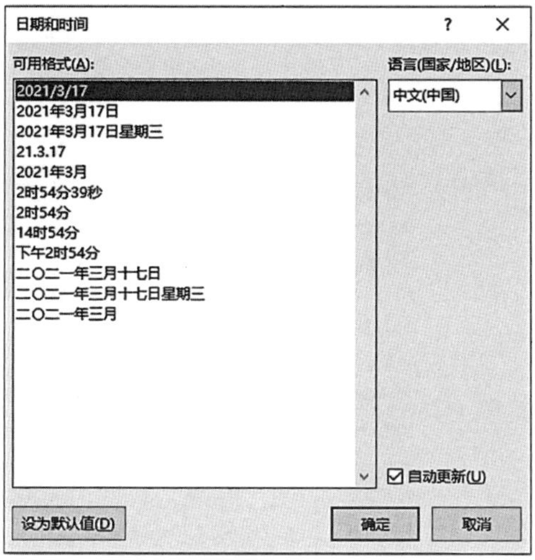

图 3–5 “日期和时间”对话框

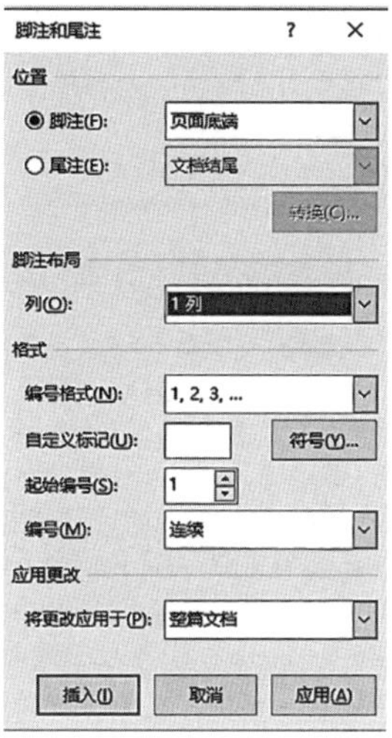

图 3–6 “脚注和尾注”对话框

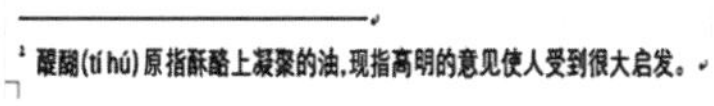

图 3–7 脚注

4）插入水印

点击“设计”选项卡“页面背景”功能组中的“水印”按钮，在出现的下拉列表中选择“自定义水印”，弹出“水印”对话框，选择“文字水印”，在“文字”框中输入“精美散文”，颜色选择红色，版式选择“斜式”，如图 3–8 所示。单击“确定”后，效果如图 3–9 所示。

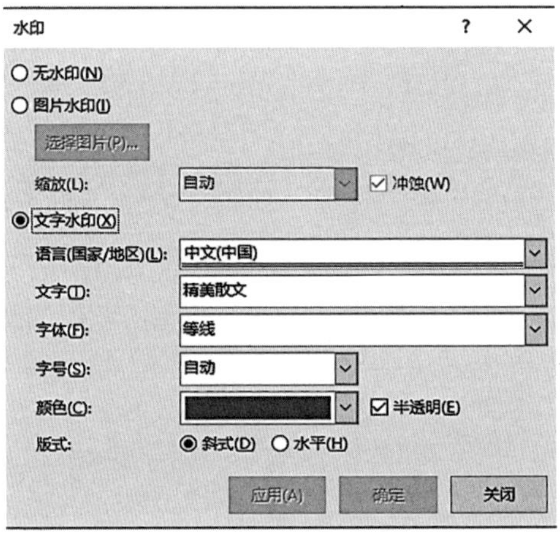

图 3-8 “水印”对话框

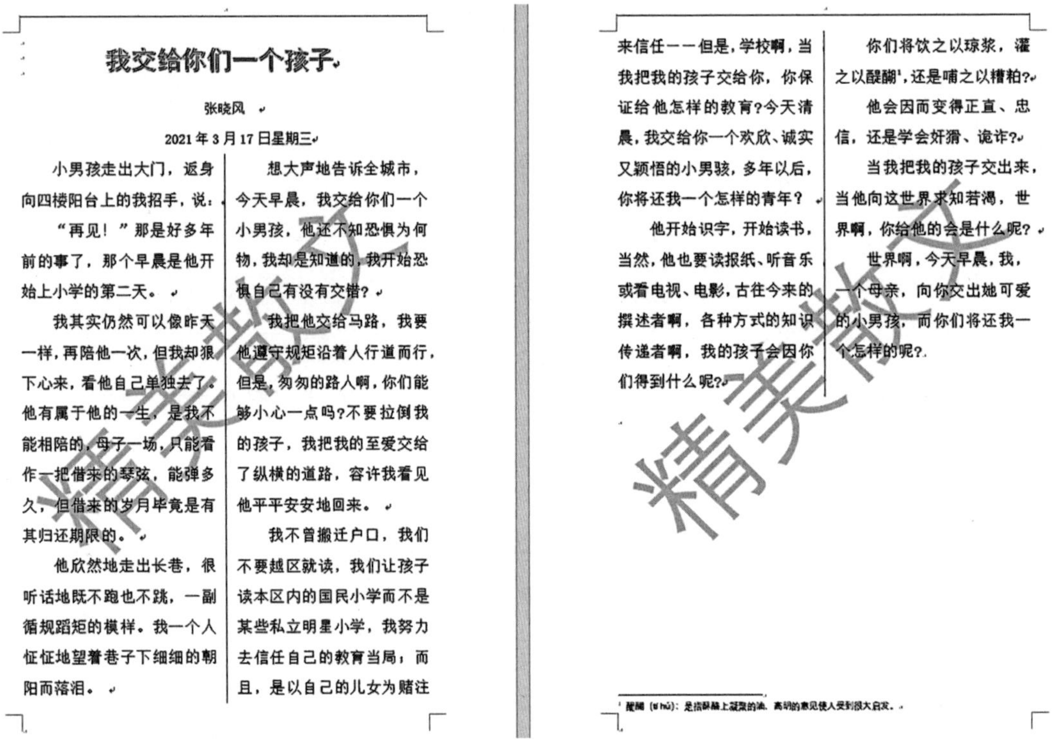

我交给你们一个孩子

张晓风

2021年3月17日星期三

小男孩走出大门，返身向四楼阳台上的我招手，说：

“再见！”那是好多年前的事了，那个早晨是他开始上小学的第二天。

我其实仍然可以像昨天一样，再陪他一次，但我却狠下心来，看他自己单独去了。他有属于他的一生，是我不能相陪的，母子一场，只能看作一把借来的琴弦，能弹多久，但借来的岁月毕竟是有其归还期限的。

他欣然地走出长巷，很听话地既不跑也不跳，一副循规蹈矩的模样。我一个人怔怔地望着巷子下细细的朝阳而落泪。

想大声地告诉全城市，今天早晨，我交给你们一个小男孩，他还不知恐惧为何物，我却是知道的，我开始恐惧自己有没有交错？

我把他交给马路，我要他遵守规矩沿着人行道而行，但是，匆匆的路人啊，你们能够小心一点吗？不要拉倒我的孩子，我把我的至爱交给了纵横的道路，容许我看见他平平安安地回来。

我不曾搬迁户口，我们不要越区就读，我们让孩子读本区内的国民小学而不是某些私立明星小学，我努力去信任自己的教育当局，而且，是以自己的儿女为赌注来信任——但是，学校啊，当我把我的孩子交给你，你保证给他怎样的教育？今天清晨，我交给你一个欢欣、诚实又颖悟的小男孩，多年以后，你将还我一个怎样的青年？

他开始识字，开始读书，当然，他也要读报纸、听音乐或看电视、电影，古往今来的撰述者啊，各种方式的知识传递者啊，我的孩子会因你们得到什么呢？

你们将饮之以琼浆，灌之以醍醐[1]，还是哺之以糟粕？

他会因而变得正直、忠信，还是学会奸猾、诡诈？

当我把我的孩子交出来，当他向这世界求知若渴，世界啊，你给他的会是什么呢？

世界啊，今天早晨，我，一个母亲，向你交出她可爱的小男孩，而你们将还我一个怎样的呢？

精美散文

[1] 醍醐（tí hú）：是指酥酪上凝聚的油。高明的意见使人受到很大启发。

图 3-9 水印效果

5）Word 文档的安全保护

单击“文件”选项卡“信息”模块中的“保护文档”按钮，弹出下拉列表，如图3-10 所示。选择“用密码进行加密”，出现“加密文档”对话框，输入密码并确认密码后保存，则下次打开时需要提供密码才能打开。

在“保护文档”下拉列表中单击“限制编辑”，弹出“限制编辑”对话框，可在对话框中设置“格式设置限制”和“编辑限制”。以“编辑限制”为例，单击勾选“仅允许在文档中进行此类型的编辑”，在下拉框中选择“修订”，如图 3-11 所示。单击“是，启动强制保护”按钮，弹出“启动强制保护”对话框，输入密码后单击“确定”按钮。这时回到文档，可以看到文档可以插入文字或进行删除等修订，但“审阅”选项卡的“更改”中，“接受”和“拒绝更改”都被限制了。

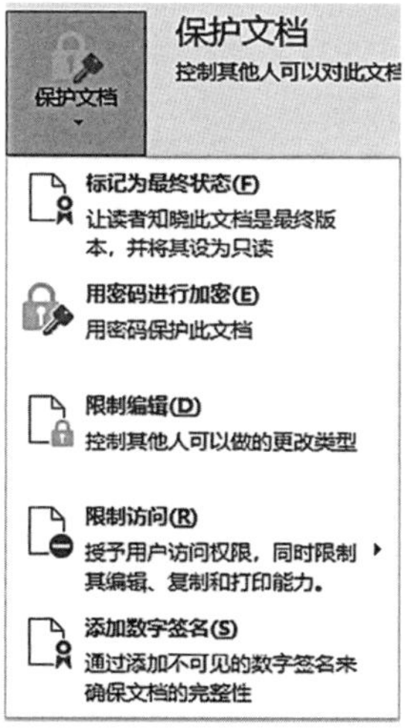

图 3-10 “保护文档”下拉列表

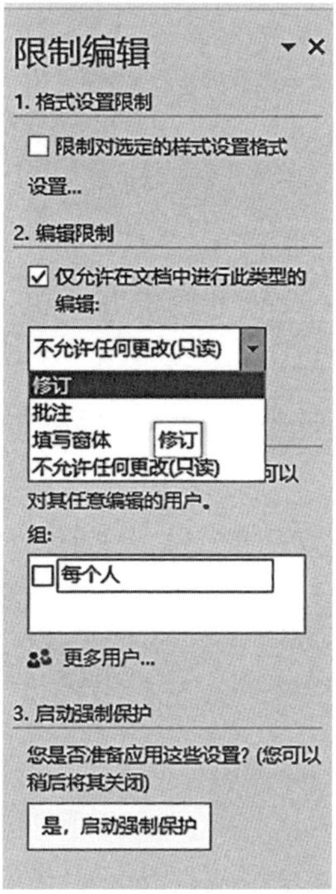

图 3-11 “限制编辑”对话框

3.1.3 实训内容

①将图 3–12 所示的文本转换成如图 3–13 所示的格式。

弹指一挥间的红尘中，我们只不过是一粒微小的尘埃，即便是很平凡，很普通，但我们也不要庸庸碌碌，无为一生。于繁杂的人寰中淡雅如兰，兀自风雅；即便是去时轻如云烟，但生时也要像风中的白杨，自信自强；于沧海风雨飘摇中，我们要像雪中的傲梅，凌寒绽放。在岁月的长河里，乘一叶生活的小舟，自由地、轻松地划向时光的彼岸，追寻一场人生风景的斑斓。↵

图 3–12　实训文本

弹指一挥间的红尘中，我们只不过是一粒微小的尘埃，即便是很平凡，很普通，但我们也不要庸庸碌碌[1]，无为一生。于繁杂的人寰中淡雅如兰，兀自风雅；即便是去时轻如云烟，但生时也要像风中的白杨，自信自强；于沧海风雨飘摇中，我们要像雪中的傲梅，凌寒绽放。在岁月的长河里，乘一叶生活的小舟，自由地、轻松地划向时光的彼岸，追寻一场人生风景的斑斓。

↵

[1]庸庸碌碌：平凡无奇，出自明《典故记闻》。

图 3–13　转换后的文本

②制作图 3–14 所示的 Word 文档，要求字号为小四，汉字字体为宋体，英文和数字字体为 Times New Roman，行间距为单倍行距。

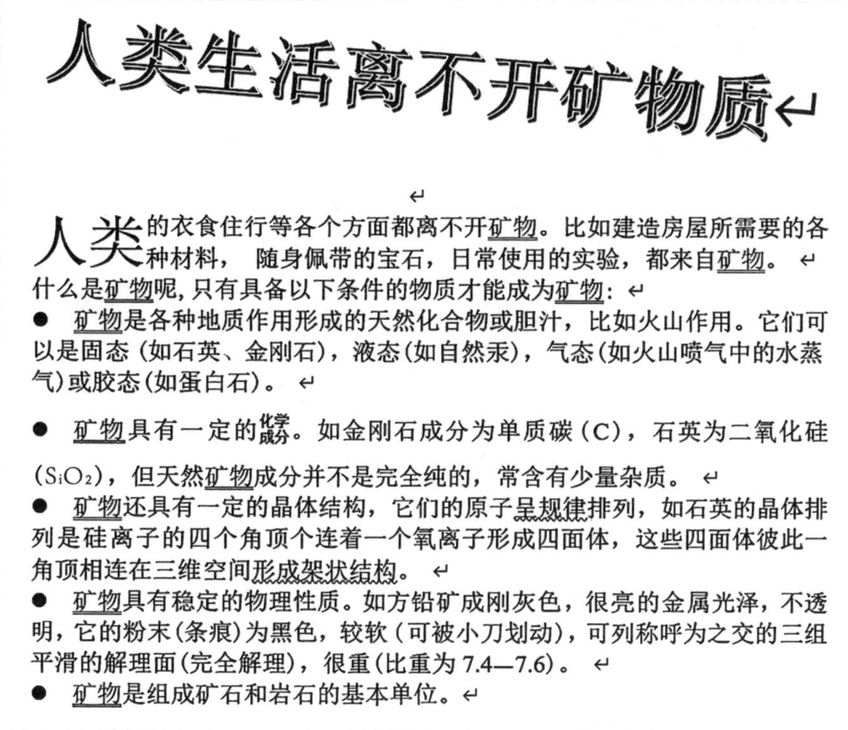
人类生活离不开矿物质↵

↵

人类的衣食住行等各个方面都离不开矿物。比如建造房屋所需要的各种材料，随身佩带的宝石，日常使用的实验，都来自矿物。↵
什么是矿物呢，只有具备以下条件的物质才能成为矿物：↵

- 矿物是各种地质作用形成的天然化合物或胆汁，比如火山作用。它们可以是固态（如石英、金刚石），液态（如自然汞），气态（如火山喷气中的水蒸气）或胶态（如蛋白石）。↵
- 矿物具有一定的化学成分。如金刚石成分为单质碳（C），石英为二氧化硅（S_iO_2），但天然矿物成分并不是完全纯的，常含有少量杂质。↵
- 矿物还具有一定的晶体结构，它们的原子呈规律排列，如石英的晶体排列是硅离子的四个角顶个连着一个氧离子形成四面体，这些四面体彼此一角顶相连在三维空间形成架状结构。↵
- 矿物具有稳定的物理性质。如方铅矿成刚灰色，很亮的金属光泽，不透明，它的粉末（条痕）为黑色，较软（可被小刀划动），可列称呼为之交的三组平滑的解理面（完全解理），很重（比重为 7.4—7.6）。↵
- 矿物是组成矿石和岩石的基本单位。↵

图 3-14　示例

3.2　实验二　论文模板的制作

3.2.1　实验目的

①掌握标题的设置。

②掌握图片、表格的引用。

③掌握目录、插图清单和附表清单的生成方法。

④掌握页眉和页脚的设置。

⑤掌握参考文献的设置。

3.2.2 实验内容和步骤

1）启动 Word 2019

输入图 3-15 所示文本。保存文档，文档名为“论文排版”。

2）标题的设置

选中“第一章 Word 2019”“第二章 Excel 2019”“第三章 PowerPoint 2019”三行文本，点击“开始”选项框的“样式”功能组中的“标题 1”按钮，设置为一级标题。选中其他行文本，点击“开始”选项框的“样式”功能组中的“标题 2”按钮，设置为二级标题。设置完标题后，勾选“视图”选项框“显示”功能组中的“导航窗格”按钮，即可在正文左边区域出现导航栏，点击相应的标题即可快速定位到对应的位置，如图 3-16 所示。点击“引用”选项框“目录”功能组中的“目录”按钮，选择“自定义目录”就会弹出图 3-17 所示的“目录”对话框，设置好相应的选项后点击“确定”就会生成目录，如图 3-18 所示。

第一章 Word 2019
1.1 Office 2019 概述
1.2 Word 2019 的基本操作
1.3 编辑与排版
1.4 图文混排
1.5 表格
1.6 文件打印及学位论文排版
第二章 Excel 2019
2.1 Excel 2019 的基本操作
2.2 工作表的创建与格式化
2.3 数据的图表化
2.4 数据管理与分析
第三章 PowerPoint 2019
3.1 PowerPoint 的简介
3.2 演示文档的制作与编辑
3.3 演示文档的修饰与演示

图 3-15 文本内容

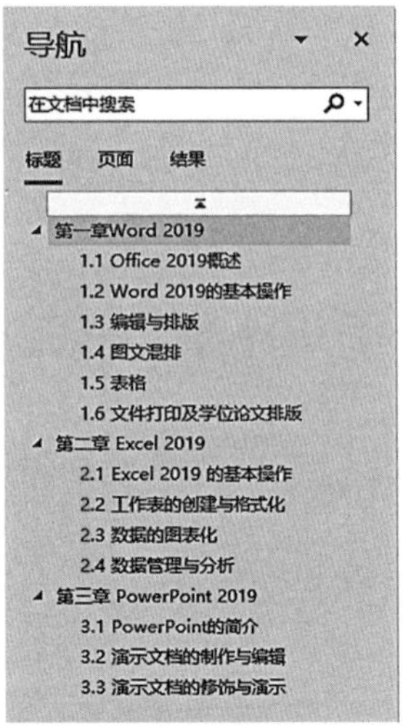

图 3-16 导航窗格

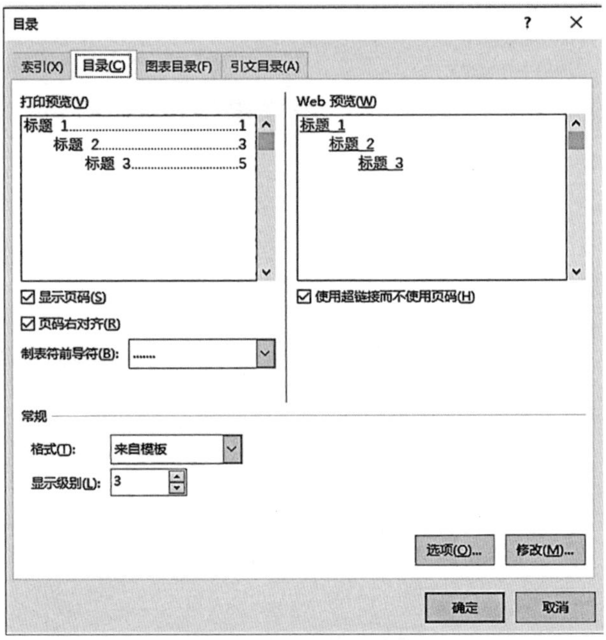

图 3-17 “目录”对话框

图 3-18 目录

3）图片、表格的引用

如图 3-19 所示，需要在正文中引用“图 1”和“表 1”，以引用图标为例。将光标移到图标名字的前端，点击“引用”选项框“题注”功能组中的“插入题注”按钮，弹出图 3-20 所示的“题注”对话框，点击“新建标签”按钮，输入文本“图”，并点击“确定”，再点击“题注”对话框中的“确定”，即可为图片进行顺序标注。

《京都议定书》规定了对 6 种温室气体进行减量控制，其中 CO_2 对全球变暖影响的贡献值约为 64%。中国能源消耗总量从 1980 年的不到 10 亿吨标准煤/年增长到 2012 年的超过 33 亿吨标准煤/年。图 1 为中国能源生产总量，表 1 为 2011 年我国几个大气本底站大气中的三种主要温室气体年平均浓度。

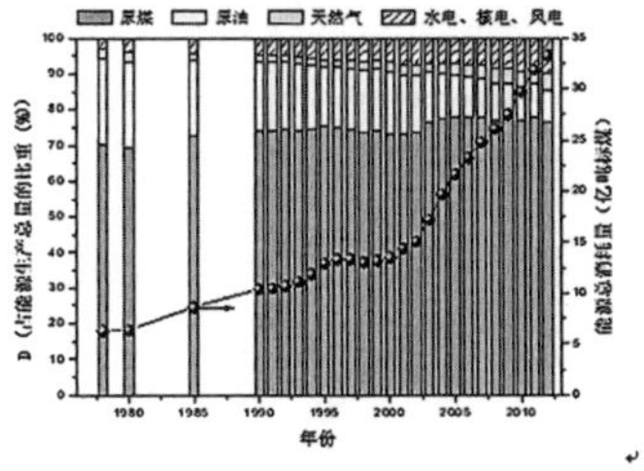

中国能源生产总量

2011年我国几个大气本底站大气中的三种主要温室气体年平均浓度

大气监测站	CO_2 (ppm)	CH_4 (ppb)	N_2O (ppb)
全球平均值	390.9	1813	324.2
青海瓦里关	392.2	1861	324.7
浙江临安	404.8	1943	326.0

图 3-19 论文背景

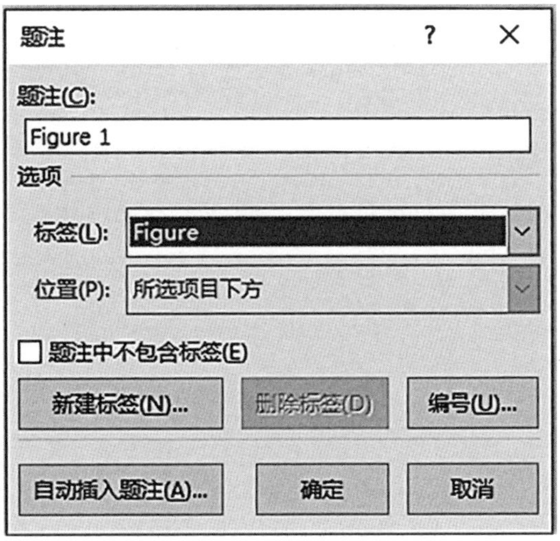

图 3-20 “题注”对话框

要引用已经标注的图片，首先要将光标移到文本中“图 1”的位置，并删除“图 1”两个字，再点击“引用”选项框的“题注”功能组中的“交叉引用”按钮，弹出如图 3-21 所示的“交叉引用”对话框，选择引用类型为“图表”，选择引用内容为“只有标签和编号”，最后点击“确定”，即可生成从文本跳转到对应图片的链接，能快速定位到对应的图片，如图 3-22 所示。表格的引用和图片相似，只是在新建标签时，将标签名改为“表”即可。

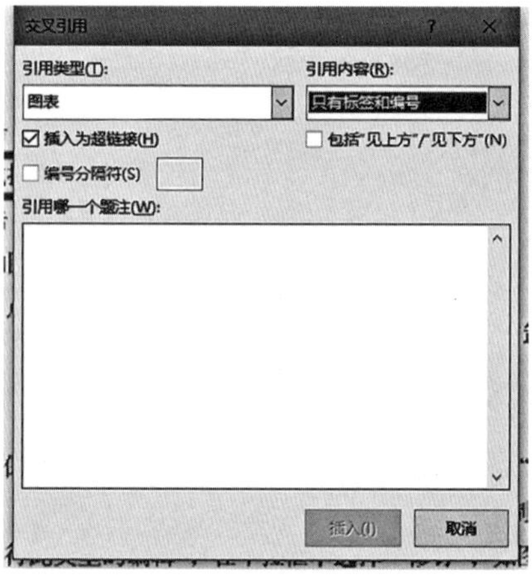

图 3-21 “交叉引用”对话框

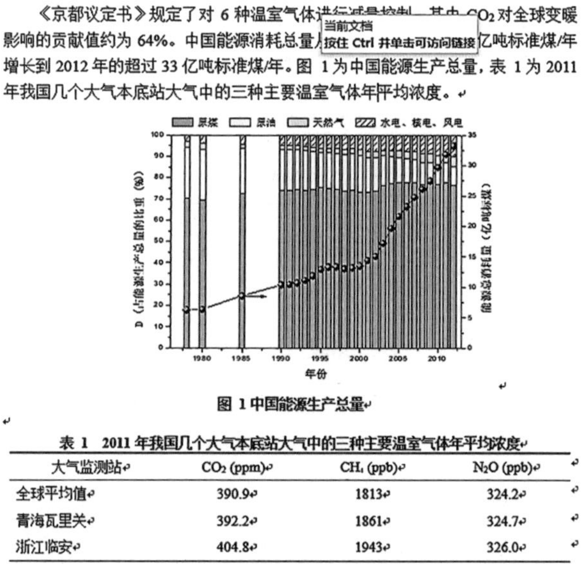

《京都议定书》规定了对 6 种温室气体进行减量控制，其中 CO_2 对全球变暖影响的贡献值约为 64%。中国能源消耗总量从……亿吨标准煤/年增长到 2012 年的超过 33 亿吨标准煤/年。图 1 为中国能源生产总量，表 1 为 2011 年我国几个大气本底站大气中的三种主要温室气体年平均浓度。

表 1 2011 年我国几个大气本底站大气中的三种主要温室气体年平均浓度

大气监测站	CO_2 (ppm)	CH_4 (ppb)	N_2O (ppb)
全球平均值	390.9	1813	324.2
青海瓦里关	392.2	1861	324.7
浙江临安	404.8	1943	326.0

图 3-22 图片和表格的引用

4）插图清单和附表清单的生成

点击“引用”选项框“题注”功能组中的“插入表目录”按钮，弹出图 3-23 所示的“图表目录”对话框，在“题注标签”选择“表”或者“图”就能生成对应的附表目录和插图目录，如图 3-24 所示。

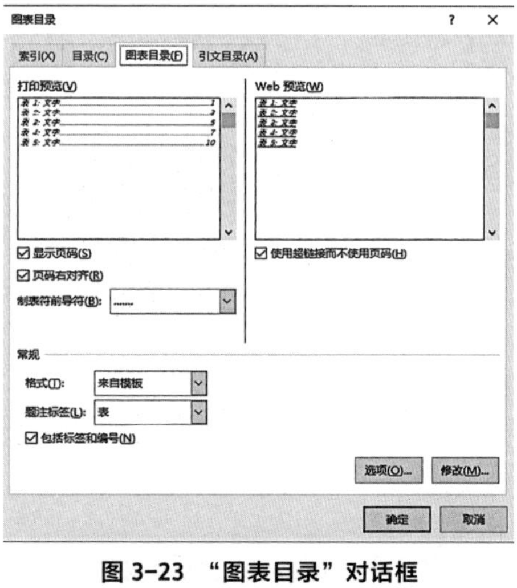

图 3-23 “图表目录”对话框

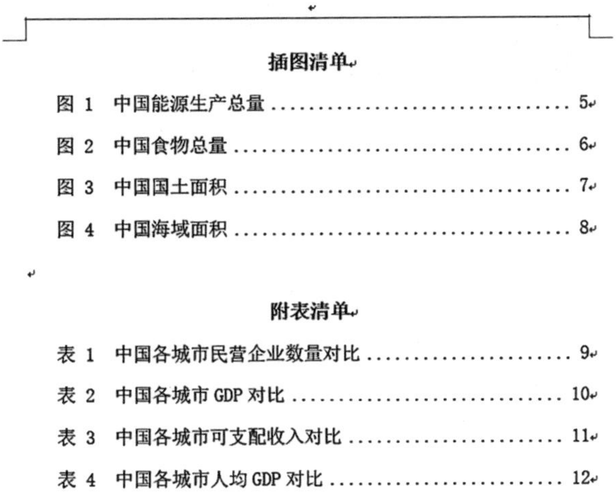
插图清单

附表清单

图 3-24　插图清单和附表清单

5）页眉和页脚的设置

若要在插入奇偶页不同的页眉的同时插入连续的页码，则需点击“插入”选项框“页眉和页脚”功能组中的“页眉”按钮，弹出图 3-25 所示的“页眉”对话框，点击“编辑页眉”即可对页眉进行编辑。若要设置奇偶页页眉不同，则需在编辑页眉的时候，勾选“页眉和页脚工具”选项框的“选项”功能组中的“奇偶页不同”复选框。

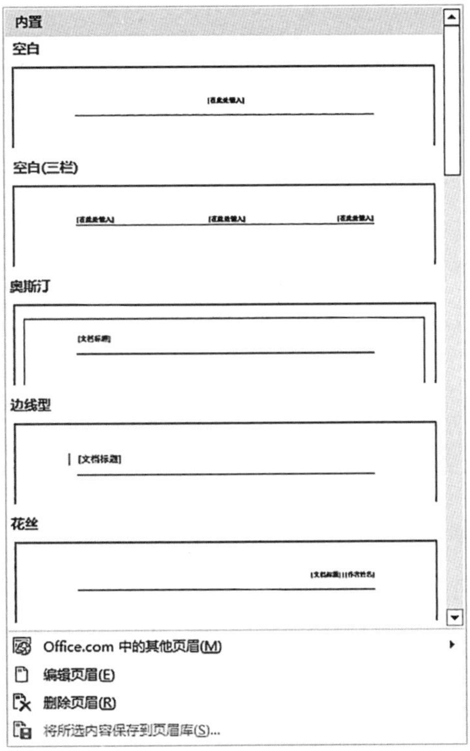

图 3-25　“页眉”对话框

若要在奇偶页不同的状态下设置连续的页码，则需点击“插入”选项框“页眉和页脚”功能组中的“页码”按钮，弹出图 3-26 所示的“页码”对话框，并在“页面底端”选项中选择合适的页码格式。在奇偶页不同的状态下，需要同时在奇数页和偶数页分别设置一次页码，页码才会连续。

若要在一个文档中设置不同格式的页码，则需要借助分隔符来实现。在需要设置不同页码的页面的前一页末尾，点击“布局”选项框“页面设置”功能组中的“分隔符”按钮，弹出图 3-27 所示的“分隔符”对话框，点击“分节符”一栏的“下一页”选项，即可在下一节页面上开始新的一节。之后的页眉页脚设置参照上述步骤。

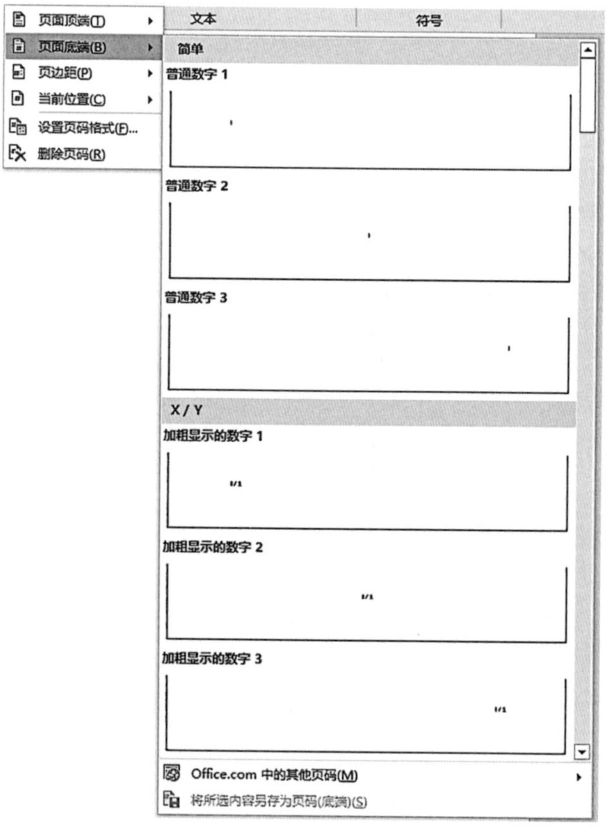

图 3-26 “页码”对话框

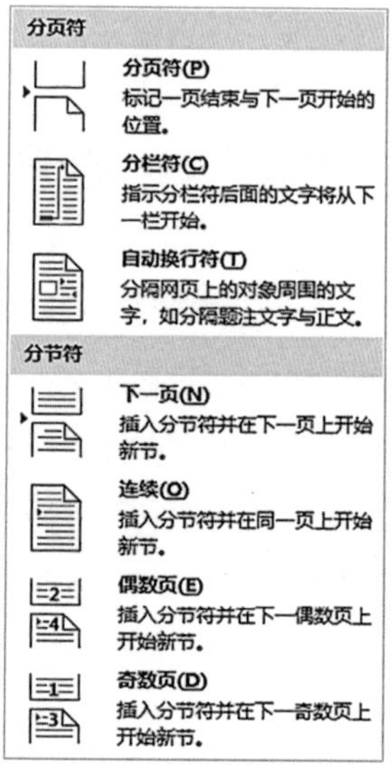

图 3-27 “分隔符”对话框

6）参考文献的设置

设置参考文献需要借助“编号”功能。点击“开始”选项框“段落”功能组中的按钮，弹出图 3-28 所示的“编号”对话框，选择编号库中的第二个编号格式，即可进行参考文献的设置，样例如图 3-29 所示。

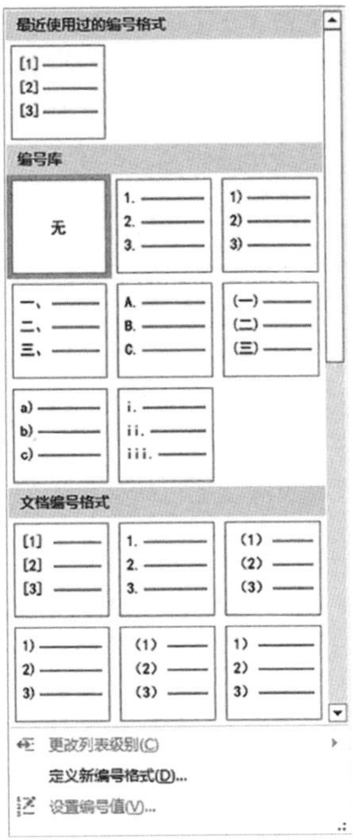

图 3-28 “编号”对话框

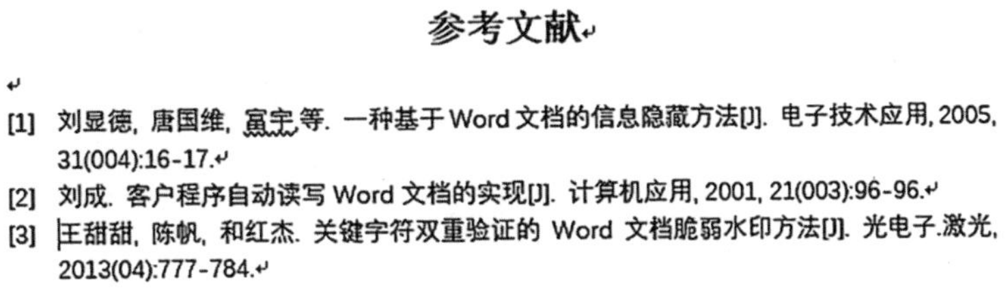

参考文献

[1] 刘显德, 唐国维, 寇宇,等. 一种基于 Word 文档的信息隐藏方法[J]. 电子技术应用, 2005, 31(004):16-17.

[2] 刘成. 客户程序自动读写 Word 文档的实现[J]. 计算机应用, 2001, 21(003):96-96.

[3] 王甜甜, 陈帆, 和红杰. 关键字符双重验证的 Word 文档脆弱水印方法[J]. 光电子.激光, 2013(04):777-784.

图 3-29 参考文献

3.2.3 实训内容

①将图 3-30 所示的文本转换成参考文献的格式。

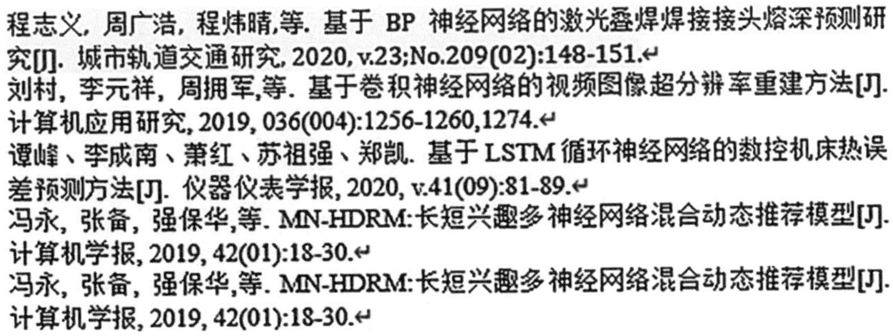

程志义, 周广浩, 程炜晴,等. 基于 BP 神经网络的激光叠焊焊接接头熔深预测研究[J]. 城市轨道交通研究, 2020, v.23;No.209(02):148-151.

刘村, 李元祥, 周拥军,等. 基于卷积神经网络的视频图像超分辨率重建方法[J]. 计算机应用研究, 2019, 036(004):1256-1260,1274.

谭峰、李成南、萧红、苏祖强、郑凯. 基于 LSTM 循环神经网络的数控机床热误差预测方法[J]. 仪器仪表学报, 2020, v.41(09):81-89.

冯永, 张备, 强保华,等. MN-HDRM:长短兴趣多神经网络混合动态推荐模型[J]. 计算机学报, 2019, 42(01):18-30.

冯永, 张备, 强保华,等. MN-HDRM:长短兴趣多神经网络混合动态推荐模型[J]. 计算机学报, 2019, 42(01):18-30.

图 3-30 实训参考文献文本

②如图 3-31 所示，在正文中引用“表 1”和“图 1”。

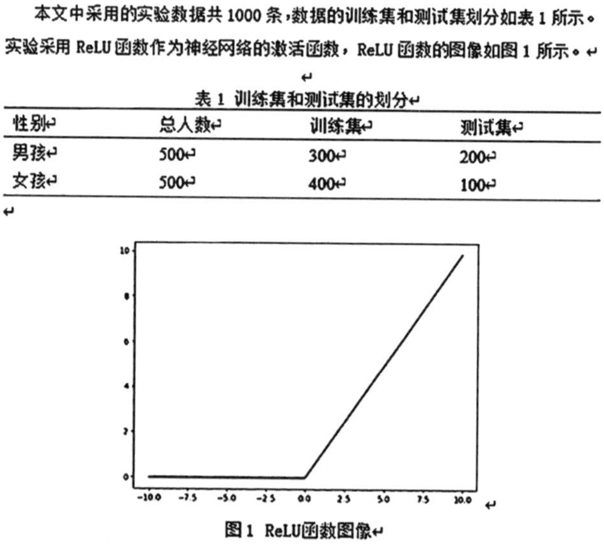
本文中采用的实验数据共 1000 条，数据的训练集和测试集划分如表 1 所示。实验采用 ReLU 函数作为神经网络的激活函数，ReLU 函数的图像如图 1 所示。

表 1 训练集和测试集的划分

性别	总人数	训练集	测试集
男孩	500	300	200
女孩	500	400	100

图 1 ReLU函数图像

图 3-31 实训论文背景

③公式的制作，制作如下两个公式。

公式一：

$$f_8(x) = -20exp\left(-0.2\sqrt{\frac{1}{n}\sum_{i=1}^{n}x_i^2}\right) - exp\left(\frac{1}{n}\sum_{i=1}^{n}cos(2\pi x_i)\right) + 20 + e$$

公式二：

$$f_9(x) = \sum_{i=0}^{10}\left(a_i - \frac{x_0(b_i^2 + b_i x_1)}{b_i^2 + b_i x_2 + x_3}\right)^2$$

④制作如图 3-32 所示的图表。

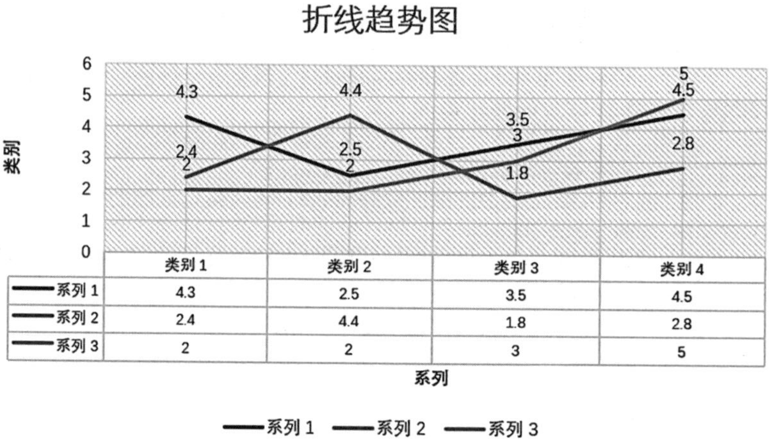

图 3-32 折线图标

3.3 实验三 表格制作

3.3.1 实验目的

①掌握表格的基本操作。

②掌握文本转换表格的方法。

③学会表格的高级应用。

3.3.2 实验内容和步骤

1）插入表格

点击“插入”选项框“表格”功能组中的“表格”按钮，即可在下拉列表中选择最大 10×8 的表格，若想插入更大规模的表格，则可以点击下拉列表中的“插入表格”按钮，弹出图 3-33 所示的“插入表格”对话框，设置好合适的行数和列数，点击“确定”按钮即可。

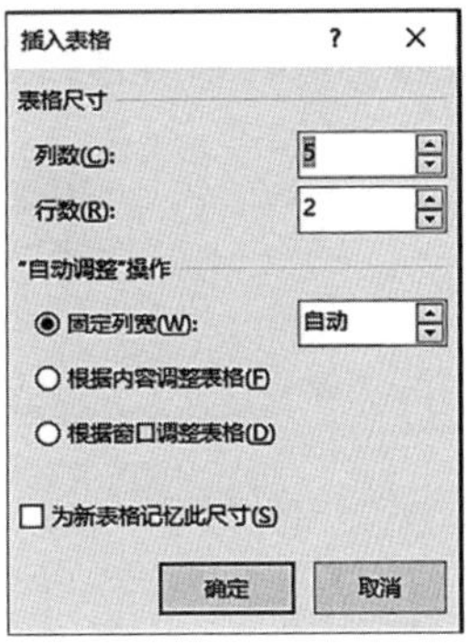

图 3-33 “插入表格”对话框

2）文本转换表格的方法

启动 Word 2019，输入图 3-34 所示文本，按 Tab 键以制表符分隔文字。点击“插入”选项框“表格”功能组中的“表格”按钮，在下拉列表中点击“将文本转换成表格”选项，打开图 3-35 所示的“将文字转换成表格”对话框，在“列数”框中输入数字设置列数，在“文字分隔位置”中选择“制表符”，完成设置后点击“确定”按钮，如图 3-36 所示。

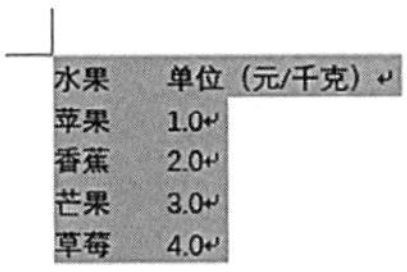

水果	单位（元/千克）
苹果	1.0
香蕉	2.0
芒果	3.0
草莓	4.0

图 3-34 表格文本

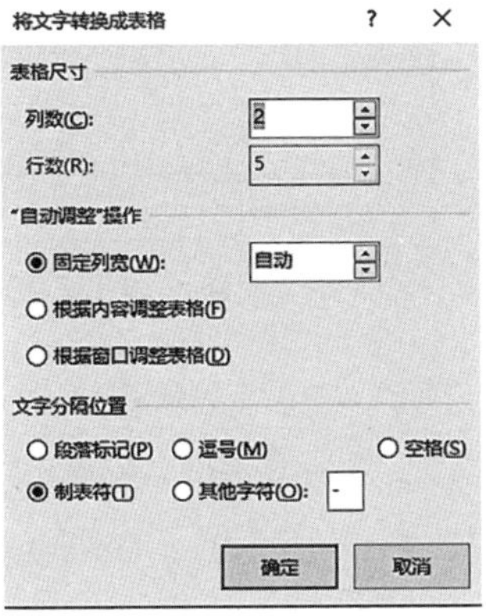

图 3-35 “将文字转换成表格”对话框

水果	单位（元/千克）
苹果	1.0
香蕉	2.0
芒果	3.0
草莓	4.0

图 3-36　表格绘制完成

3）单元格的插入与删除

以图 3-36 的表格为例，选中“单位”列，在“表格工具”的“布局”选项框中，选择“行和列”功能组，如图 3-37 所示，可以选择“在左侧插入”或者“在右侧插入”。插入之后的表格如图 3-38 所示。

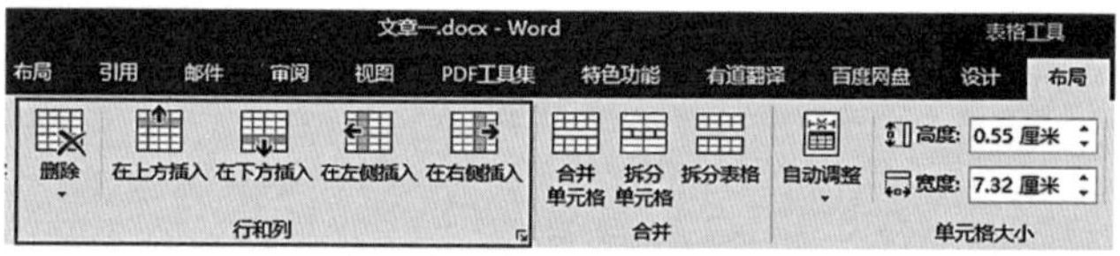

图 3-37　表格工具

水果	单位（元/千克）	
苹果	1.0	
香蕉	2.0	
芒果	3.0	
草莓	4.0	

图 3-38　在右侧插入列

选中“苹果”一行，选择“在上方插入”或者“在下方插入”，则可以在该行的上方或者下方插入一行单元格，需要注意的是，选中多行就会插入相等数量的多行单元格，如图 3-39 所示。

水果	单位（元/千克）	
苹果	1.0	
香蕉	2.0	
芒果	3.0	
草莓	4.0	

图 3-39　在下方插入行

若想删除某一行或者某一列，则可以选中该行或者该列，在“表格工具”的“布局”选项框中，选择“行和列”功能组中的“删除”按钮，弹出图 3-40 所示的下拉列表，选择“删除行”或者“删除列”即可。

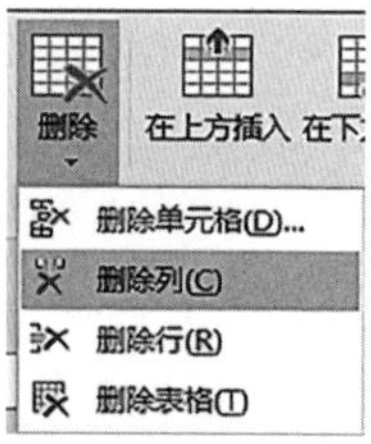

图 3-40　“删除”对话框

4）单元格的合并与拆分

以图 3–38 的表格为例，选中最右边的空列，在“表格工具”的“布局”选项框中，点击“合并”功能组中的“拆分单元格”按钮，就会弹出图 3–41 所示的“拆分单元格”对话框，设置好行数和列数，点击“确定”按钮即可。

若要合并单元格，则需要先选中单元格，在“表格工具”的“布局”选项框中，点击“合并”功能组中的“合并单元格”按钮，便可将选中的单元格合并为一个单元格。

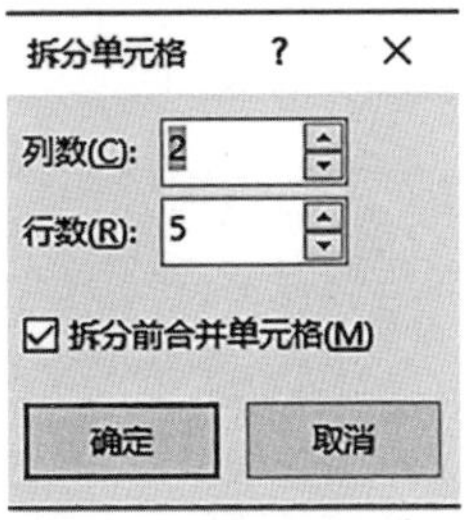

图 3–41 “拆分单元格”对话框

5）表格应用样式

以图 3–36 的表格为例，选中表格，在“表格工具”的“设计”选项框中，点击“表格样式”功能组中右下角的按钮，弹出图 3–42 所示的“表格样式”对话框。若需要自己创建表格样式，点击“表格样式”对话框中的“新建表格样式”按钮，弹出图 3–43 所示的“新建表格样式”对话框，完成设置点击“确定”按钮即可。

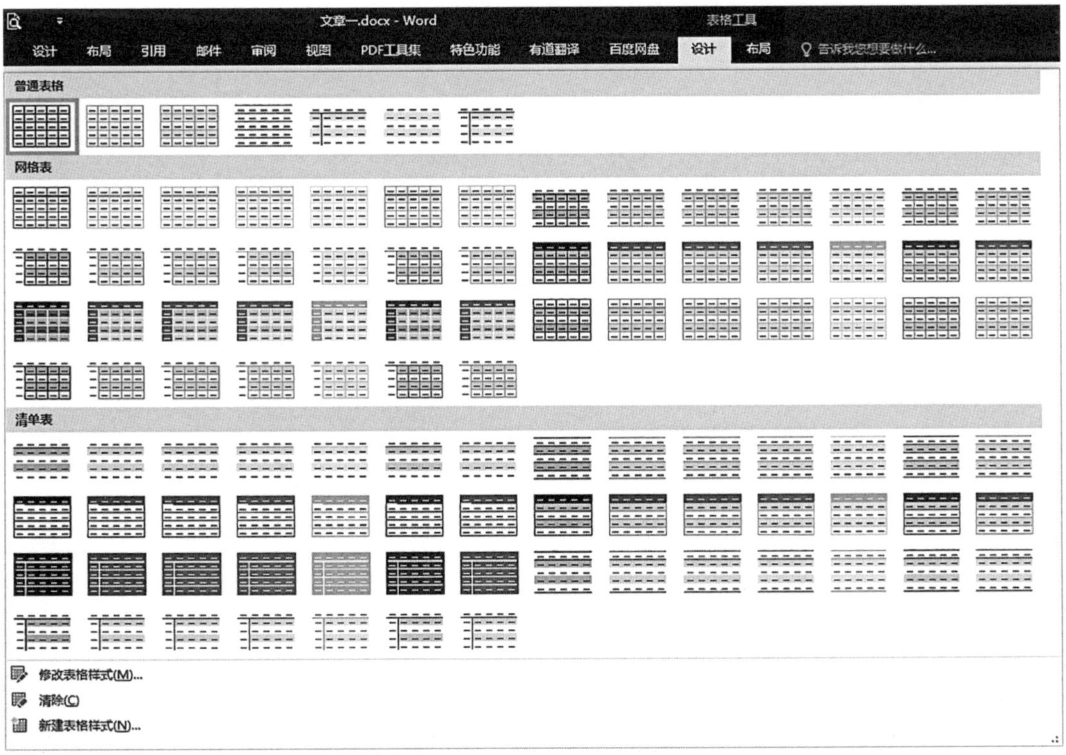

图 3–42 “表格样式”对话框

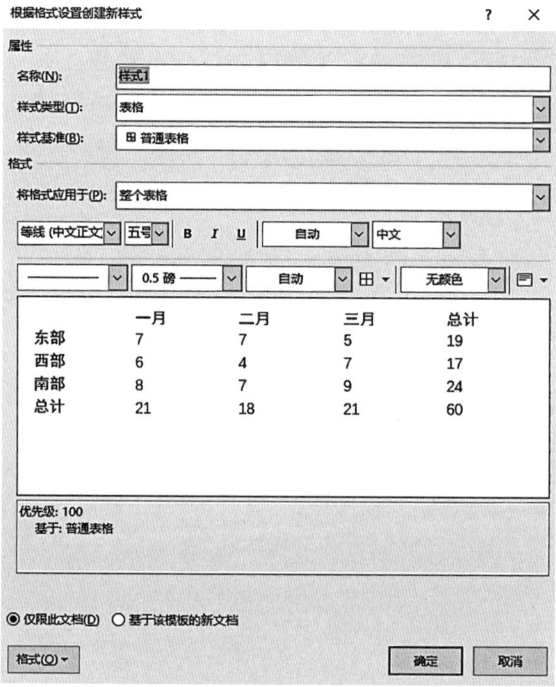

图 3-43 “新建表格样式”对话框

6）表格数据排序

以图 3-44 的表格为例，选中表格，点击“表格工具”中“布局”选项框的“数据”功能组中的“排序”按钮，弹出图 3-45 所示的“排序”对话框，在“主要关键字”中选择“单位（元 / 千克）”，在“类型”中选择“数字”并选择升序排列，点击“确定”，排序后的结果如图 3-46 所示。

蔬菜	单位（元/千克）
土豆	1.3
西红柿	0.8
青菜	4.6
萝卜	2.5

图 3-44 举例表格

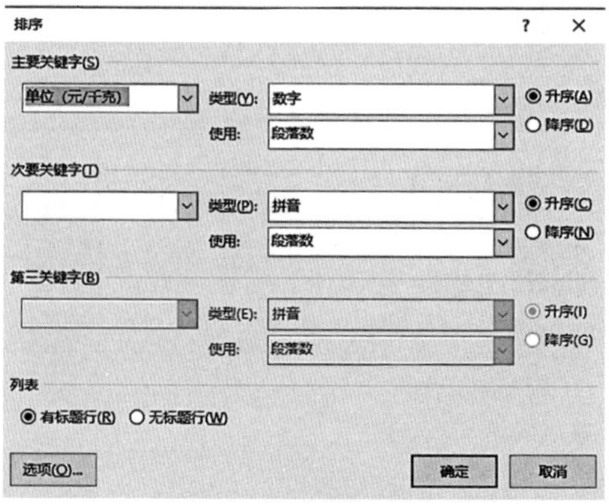

图 3-45 “排序”对话框

蔬菜	单位（元/千克）
西红柿	0.8
土豆	1.3
萝卜	2.5
青菜	4.6

图 3-46 排序后的表格

7）表格数据计算

以图 3-46 的表格为例，在下方插入一行，效果如图 3-47 所示。选中表格中的空白格，点击“表格工具”中“布局”选项框的“数据”功能组中的“公式”按钮，弹出图 3-48 所示的“公式”对话框，在“编号格式”中输入“0.00”，点击“确定”按钮，计算之后的表格如图 3-49 所示。

蔬菜	单位（元/千克）
西红柿	0.8
土豆	1.3
萝卜	2.5
青菜	4.6
合计	

图 3-47 合计表格

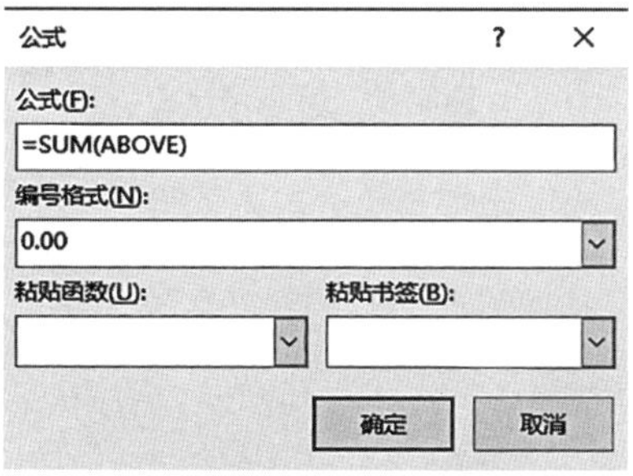

图 3-48 “公式”对话框

蔬菜	单位（元/千克）
西红柿	0.8
土豆	1.3
萝卜	2.5
青菜	4.6
合计	9.20

图 3-49 计算后的表格

3.3.3 实训内容

①生成如图 3–50 所示的表格。

分店 / 数量 / 产品	杭州店	宁波店	温州店	绍兴店	台州店
鸡腿汉堡	200	300	100	500	400
牛肉汉堡	400	200	700	200	300
鳗鱼汉堡	600	400	300	700	500

图 3–50　实训表格 1

②制作如图 3–51 所示的表格。

<table>
<tr><td colspan="7">浙江工业大学</td></tr>
<tr><td colspan="7">课程表</td></tr>
<tr><td colspan="2">星期 / 时间</td><td>一</td><td>二</td><td>三</td><td>四</td><td>五</td></tr>
<tr><td rowspan="4">上午</td><td>1</td><td rowspan="2">高数</td><td rowspan="2">英语</td><td rowspan="2">体育</td><td rowspan="2">计算机</td><td rowspan="2">制图</td></tr>
<tr><td>2</td></tr>
<tr><td>3</td><td rowspan="2">制图</td><td rowspan="2">思修</td><td rowspan="2">中特</td><td rowspan="2">英语</td><td rowspan="2">体育</td></tr>
<tr><td>4</td></tr>
<tr><td rowspan="4">下午</td><td>5</td><td rowspan="2">听力</td><td rowspan="2">实习</td><td rowspan="2">计算机</td><td rowspan="2">思修</td><td rowspan="2"></td></tr>
<tr><td>6</td></tr>
<tr><td>7</td><td rowspan="2"></td><td rowspan="2"></td><td rowspan="2">班会</td><td rowspan="2"></td><td rowspan="2"></td></tr>
<tr><td>8</td></tr>
</table>

图 3–51　实训表格 2

4 Excel 2019

4.1 实验一　制作销售报表

4.1.1 实验目的

①掌握 Excel 工作簿的建立、保存与打开。

②掌握在工作表中输入数据的方法。

③掌握公式和函数的使用。

④掌握数据的编辑、修改。

⑤掌握工作表的插入、复制、移动、删除和重命名。

⑥掌握图表的设计和制作。

4.1.2 实验内容和步骤

1）创建原始表格

创建名为“班级学号姓名”的文件夹，并在该文件夹下建立一个文件名为“销售报表”的工作簿，并将工作表“Sheet1”重命名为“原始表格”。

2）输入数据

从 A1 开始在“原始数据”工作表中输入图 4-1 所示的数据。

	A	B	C	D	E	F	G	H	I	J	K
1	年度数据										
2	指标（亿元）	2010年	2011年	2012年	2013年	2014年	2015年	2016年	2017年	2018年	2019年
3	便利店商品销售额	246.6	225.98	263.92	311.3	345.97	387.23	422.45	482.89	542.02	599.39
4	折扣店商品销售额	36.1	47.63	34.26	32.92	29.55	31.45	29.81	26.68	14.49	22.16
5	超市商品销售额	2766.9	3398.22	2915.89	2889.21	2981.75	3118.14	3067.15	3520.31	3430.95	3379.02
6	大型超市商品销售额	2919.1	2594.54	4221.95	4734.15	4647.2	4962.92	5108.02	4415.07	4665.43	4729.46
7	仓储会员店商品销售额	171.8	795.68	216.3	234.64	240.92	250.3	259.34	230.46	235.27	253.44
8	百货店商品销售额	2671.5	3226.82	3251.78	3703.97	3806.1	3841.57	3896.5	3778.03	3781.41	3518.44
9	专业店商品销售额	17233.2	22919.28	19628.96	22492.8	23345.78	20520.99	20573.71	20392.78	21879.25	21117.65
10	加油站商品销售额	11822.6	15742.61	12413.55	14791.7	16786.3	13313.94	12956.98	12628.28	14153.82	14245.16
11	专卖店商品销售额	1072.9	1031.01	2260.4	1582.7	1400.31	1739.7	1992.18	2152.65	2776.25	3207.61
12	家居建材商店商品销售额	56.4	64.67	47.29	51.64	50.9	46.92	44.07	46.46	35.14	33.6
13	厂家直销中心商品销售额	3.5	2.92	3.81	11.13	16.43	17.69	59.85	57.58	67.22	72.68
14	其他业态连锁零售企业商品销售额	207.3	203.95	2617.53	1962.42	475.67	483.49	469.82	526.15	585.25	323.47

图 4-1　原始表格

在单元格 A1 中输入“年度数据”并将其加粗。

在单元格 A2 中输入“指标（亿元）”，A3:A14 分别输入“便利店商品销售额”“折扣店商品销售额”“超市商品销售额”“大型超市商品销售额”“仓储会员店商品销售额”“百货店商品销售额”“专业店商品销售额”“加油站商品销售额”“专卖店商品销售额”“家居建材商店商品销售额”“厂家直销中心商品销售额”“其他业态连锁零售企业商品销售额”。

在单元格 B2 中输入“2010 年”，然后选中该单元格，按住右下角的“填充句柄”，向右拖动鼠标至 K2 松开，完成 2010—2019 年的输入。

打开“实验一 .xlsx”工作簿，在“源数据”表上单击右键，并在弹出的菜单中点击“移动或复制”，在“移动或复制工作表”窗口中，选择“销售报表 .xlsx”，选定“原始表格”之前，点击“确定”完成复制，如图 4-2 所示。

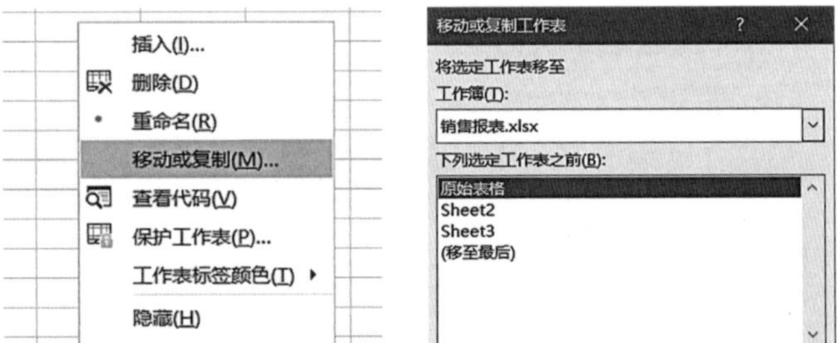

图 4-2　移动或复制表格

切换到“原始表格”工作表，由于“原始数据”表和“源数据”表的年份顺序是相反的，所以需要使用 OFFSET（）函数获取数据。首先在 B1 到 K1 单元格输入 0—9 的数字作为辅助行，然后点击 B3 单元格，在函数编辑区输入“=OFFSET(源数据 !$J2,0,−1*B$1)”后按 Enter 键确认，完成引用，如图 4−3 所示。最后选中 B3 单元格按住“填充句柄”向右拉至 K3 后，按住“填充句柄”向下拉至 K14 完成整张表格的引用。

图 4−3　输入 OFFSET() 函数

选中 A15 单元格，输入“总和”。选中 B15 单元格，点击“公式”菜单栏下的“自动求和”，按 Enter 键完成求和，如图 4−4 所示。选中 B15 单元格，右下角拖至 K15 完成各个年份销售额的求和。

图 4−4　自动求和

3）美化表格

在列号上单击右键，在右键菜单中点击“列宽”，将 A 列宽设为 40，B:K 列宽设为 12。同理，选中 1—15 行的行号，将行高设置为 30。

选中第一行，在右键菜单中点击“隐藏”将其隐藏。若要恢复显示，则点击在“开始”菜单下的“单元格”→“格式”→“可见性”→“隐藏和取消隐藏”→“取消隐藏行”命令，将隐藏的内容进行恢复显示，如图 4−5 所示。

图 4−5　“取消隐藏行”

选中 A2:A15 区域的文字，设置对齐方式为左对齐，字体为宋体，字号为 12。选中 B2:K15 区域内容，设置对齐方式为居中，字体为宋体，字号为 12。选中单元格区域 A2:K15，设置边框为“所有框线”。美化后的表格如图 4-6 所示。

2	指标（亿元）	2010年	2011年	2012年	2013年	2014年	2015年	2016年	2017年	2018年	2019年
3	便利店商品销售额	246.6	225.98	263.92	311.3	345.97	387.23	422.45	482.89	542.02	599.39
4	折扣店商品销售额	36.1	47.63	34.26	32.92	29.55	31.45	29.81	26.68	14.49	22.16
5	超市商品销售额	2766.9	3398.22	2915.89	2889.21	2981.75	3118.14	3067.15	3520.31	3430.95	3379.02
6	大型超市商品销售额	2919.1	2594.54	4221.95	4734.15	4647.2	4962.92	5108.02	4415.07	4665.43	4729.46
7	仓储会员店商品销售额	171.8	795.68	216.3	234.64	240.92	250.3	259.34	230.46	235.27	253.44
8	百货店商品销售额	2671.5	3226.82	3251.78	3703.97	3806.1	3841.57	3896.5	3778.03	3781.41	3518.44
9	专业店商品销售额	17233.2	22919.28	19628.96	22492.8	23345.78	20520.99	20573.71	20392.78	21879.25	21117.65
10	加油站商品销售额	11822.6	15742.61	12413.55	14791.7	16786.3	13313.94	12956.98	12628.28	14153.82	14245.16
11	专卖店商品销售额	1072.9	1031.01	2260.4	1582.7	1400.31	1739.7	1992.18	2152.65	2776.25	3207.61
12	家居建材商店商品销售额	56.4	64.67	47.29	51.64	50.9	46.92	44.07	46.46	35.14	33.6
13	厂家直销中心商品销售额	3.5	2.92	3.81	11.13	16.43	17.69	59.85	57.58	67.22	72.68
14	其他业态连锁零售企业商品销售额	207.3	203.95	2617.53	1962.42	475.67	483.49	469.82	526.15	585.25	323.47
15	总和	39207.9	50253.31	47875.64	52798.58	54126.88	48714.34	48879.88	48257.34	52166.5	51502.08

图 4-6 美化后的报表

4）插入直方图

选中第四行（折扣店商品销售额），点击“插入”菜单下的“三维柱形图”，如图 4-7 所示。

此时柱形图的横坐标为“1，2，3…”显然不是我们想要的 2010—2019 年，双击图表，点击“选择数据源”，在“选择数据源”对话框中，点击“水平（分类）轴标签”下的“编辑”按钮，如图 4-8 所示。选取 B2:K2 单元格，点击“确定”完成横坐标的修改，如图 4-9 所示。

将完成的图表剪切到 Sheet2 工作表，并将工作表命名为“销售图表”，如图 4-10 所示。

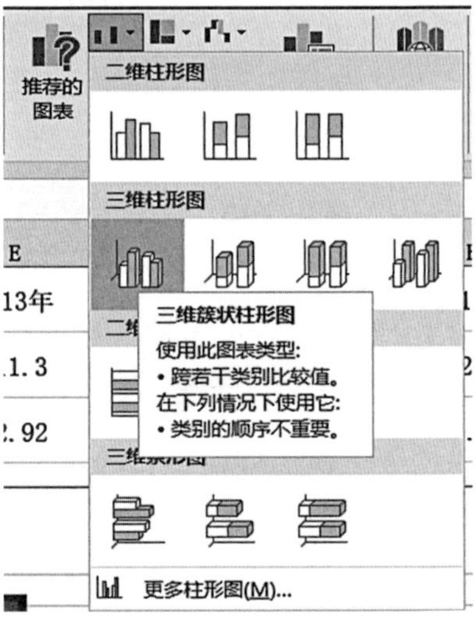

图 4-7 “三维柱形图”

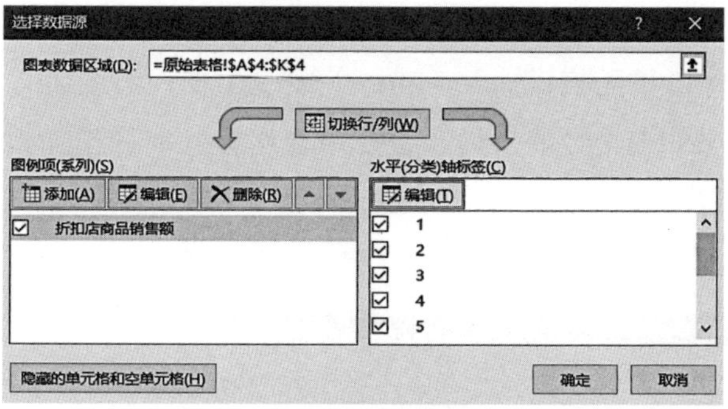

图 4-8 选择数据源

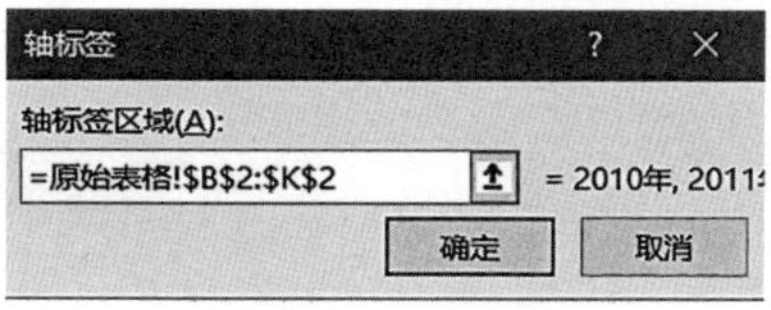

图 4-9 轴标签

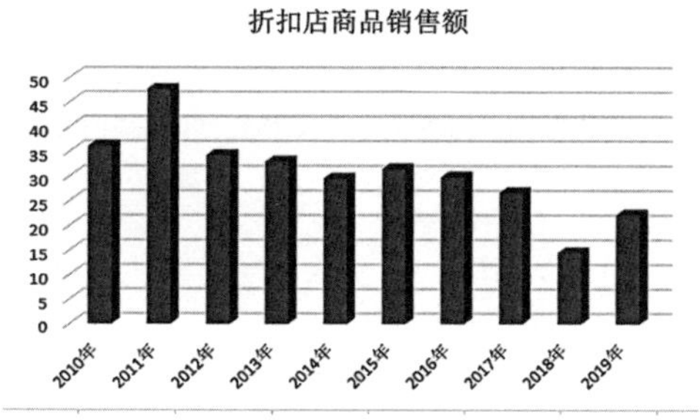

图 4-10 柱状图

5）插入饼状图

选中 K2:K14，点击“插入”菜单下的“二维饼状图”。同理修改图例从“1，2，3…”为各个销售额的名称。双击图表标题，将标题改为“2019 年各销售额占比”，将饼状图剪切至“销售图表”工作表，如图 4-11 所示。

图 4-11 饼状图

6）分析统计

计算 2018—2019 年的增长率。选中 M2 单元格，输入“2018—2019 年增长率（%）”。按住“填充句柄”，拖动至 M15。选中 M3:M15 的单元格，设置单元格格式，分类为数值，小数位数保留两位，如图 4-12 所示。

图 4-12　保留两位小数

点击 O3，输入“2018—2019 年增长率为正项目”，点击 O4，输入“2018—2019 年增长率最大项目”，点击 O5，输入“2018—2019 年增长率最小项目”。

点击 P3 单元格，利用 COUNTIF 函数来统计增长率为正的项目的个数。输入公式“=COUNTIF(M3:M14,">=0")”，回车得到结果个数。

点击 P4 单元格，利用 INDEX，MATCH，MAX 函数来统计增长率最大的项目。先用 MAX 函数求得最大的增长率。公式为：“=MAX(M3:M14) ”。

接着，加入 MATCH 函数，求最大增长率的垂直位置，将上一步的公式改为：“=MATCH(MAX(M3:M14),M3:M14,0) ”。

最后一步，用 INDEX 索引函数查找对应的项目，最终公式为：“=INDEX(A3:A14,MATCH(MAX(M3:M14),M3:M14,0)) ”。

同理，将 MAX 函数改成 MIN 函数即可求得增长率最小的项目，如图 4-13 所示。

2018—2019年增长率为正项目	7
2018—2019年增长率最大项目	折扣店商品销售额
2018—2019年增长率最小项目	其他业态连锁零售企业商品销售额

图 4-13　分析结果

7）设置条件格式

设置条件格式把增长率为负的项目用红色表示。选中单元格区域M3:M15，打开“开始”选项卡并单击“样式”功能区“条件格式”按钮下方的小箭头，在展开的下拉列表中单击“突出显示单元格规则”下的“小于”命令，打开图 4-14 所示的对话框。

在左侧的框中输入 0，单击右侧下拉列表的向下箭头，若列表中有需要的格式，则直接选择，反之选择“自定义格式”，在“设置单元格格式”对话框进行设置，单击“确定”按钮完成设置。

图 4-14　“小于”对话框

8）筛选显示

选中第二行，点击“数据”菜单下的“筛选命令”，如图 4-15 所示，点击 M2 单元格的 ▾ 按钮进行筛选。选择“数字筛选”→“介于”，在“自定义自动筛选方式”对话框中设置为“大于或等于”-5 与“小于或等于”15，如图 4-16 所示。

筛选结果如图 4-17 所示。

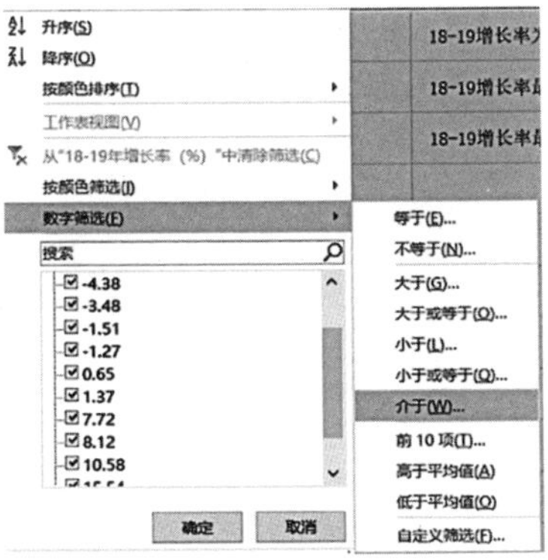

图 4-15　“筛选”菜单栏

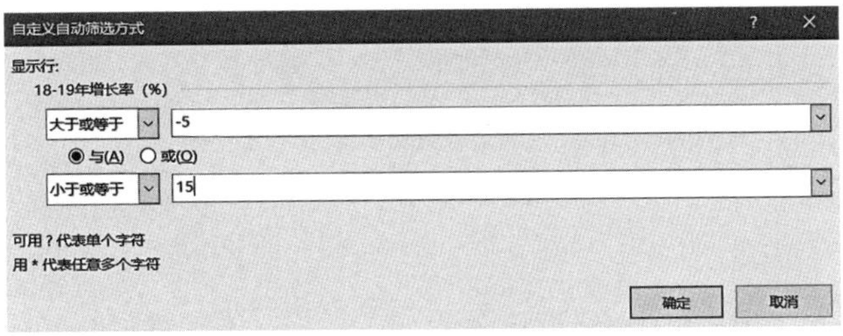

图 4-16　自定义自动筛选方式

	B	C	D	E	F	G	H	I	J	K	L	M	N
2	2010年	2011年	2012年	2013年	2014年	2015年	2016年	2017年	2018年	2019年	18-19年增长率（%）		
3	246.6	225.98	263.92	311.3	345.97	387.23	422.45	482.89	542.02	599.39		10.58	
5	2766.9	3398.22	2915.89	2889.21	2981.75	3118.14	3067.15	3520.31	3430.95	3379.02		-1.51	
6	2919.1	2594.54	4221.95	4734.15	4647.2	4962.92	5108.02	4415.07	4665.43	4729.46		1.37	
7	171.8	795.68	216.3	234.64	240.92	250.3	259.34	230.46	235.27	253.44		7.72	
9	17233.2	22919.28	19628.96	22492.8	23345.78	20520.99	20573.71	20392.78	21879.25	21117.65		-3.48	
10	11822.6	15742.61	12413.55	14791.7	16786.3	13313.94	12956.98	12628.28	14153.82	14245.16		0.65	
12	56.4	64.67	47.29	51.64	50.9	46.92	44.07	46.46	35.14	33.6		-4.38	
13	3.5	2.92	3.81	11.13	16.43	17.69	59.85	57.58	67.22	72.68		8.12	
15	39207.9	50253.31	47875.64	52798.58	54126.88	48714.34	48879.88	48257.34	52166.5	51502.08		-1.27	

图 4-17　筛选结果

4.1.3 实训内容

①使用随机函数生成图 4-18 中深灰色区域的正负数，并且在以下浅灰色填充单元格中输入公式，使右拉、下拉后深灰色区域中的正数变成负数，负数变成正数。

②筛选出图 4-19 中销售数量大于等于 40，或销售额大于等于 100000 的商品。

3	-1	-21	41	61	-81
4	2	22	42	62	82
5	3	23	43	63	83
6	4	-24	44	-64	84
7	5	25	45	65	85
8	-6	26	46	66	86
9	7	27	-47	67	-87
10	8	28	48	68	88
11	9	29	49	69	89
12	-10	30	50	70	90
13	11	31	51	-71	91
14	12	-32	52	72	92
15	13	33	53	73	-93
16	-14	34	54	74	94
17	15	35	-55	75	95
18	-16	36	56	76	-96
19	17	37	57	77	97
20	18	38	58	78	98
21	19	-39	59	-79	99
22	20	40	60	80	100

图 4-18　实例 1

月份	商品	数量(件)	价格(元)	销售额(元)
1月	电视机	31	2780	86180
3月	显示器	47	2780	130660
4月	冰箱	15	2500	37500
6月	电风扇	35	2730	95550
1月	空调	36	2790	100440
8月	洗衣机	52	2680	139360
9月	微波炉	47	2700	126900
11月	热水器	27	2760	74520
12月	电磁炉	45	2750	123750

图 4-19　实例 2

③计算图 4-20 中各学生的年龄，精确到天。

④划分图 4-21 中各学生“Java 设计与技术”课程的评分，其中低于 60 分为不及格，60—69 分为合格，70—79 分为中等，80—89 分为良好，90 分以上为优秀（只取整数）。

	A	B	C	D	E
1	序号	姓名	出生年份	出生月	出生日
2	1	孙一博	2000	1	13
3	2	唐宝	2001	2	14
4	3	黄琼芳	1997	3	15
5	4	韩敏达	1996	4	16
6	5	樊涛	2001	5	17
7	6	丁亚楠	2000	6	18
8	7	李璧影	2003	7	19
9	8	叶子宸	2000	8	20
10	9	傅洪鑫	2002	9	21
11	10	黄臻杰	1998	10	22
12	11	蔡梦龙	2000	11	23
13	12	钱凯	1999	12	24
14	13	杨绍漂	2002	6	25

图 4-20　实例 3

	A	B	C
1	序号	姓名	Java设计与技术
2	1	孙一博	68
3	2	唐宝	79
4	3	黄琼芳	40
5	4	韩敏达	59
6	5	樊涛	98
7	6	丁亚楠	86
8	7	李璧影	82
9	8	叶子宸	61
10	9	傅洪鑫	94
11	10	黄臻杰	49
12	11	蔡梦龙	79
13	12	钱凯	59
14	13	杨绍漂	100

图 4-21　实例 4

4.2　实验二　实验数据的分类汇总

4.2.1　实验目的

掌握分类汇总的方法。

4.2.2　实验内容和步骤

“实验二 .xlsx”为国外某医疗机构测得的青少年从出生到 18 岁成年的身体数据，本实验将对这些数据进行分类汇总，如图 4-22 所示。

1）分类汇总

分类汇总前，分类字段（列）必须是已经排好序的。分类汇总使用的具体操作步骤如下。

①将“身高数据”表格中的数据全部复制到“Sheet2”进行备份。回到“身高数据表”，选中要排序的单元格区域（左上角输入“B1:K4885”），打开“数据”选项卡并单击“排序和筛选”组中的“排序”按钮，打开“排序”对话框。

②从“列”选项的“主要关键字”下拉列表中选择“id”，从“排序依据”下拉列表中选择“单元格值”，再从“次序”下拉列表中选择“降序”。然后点击添加条件，从“列”选项的“次要关键字”下拉列表中选择“age”，从“排序依据”下拉列表中选择“单元格值”，再从“次序”下拉列表中选择“升序”，如图 4-23 所示。

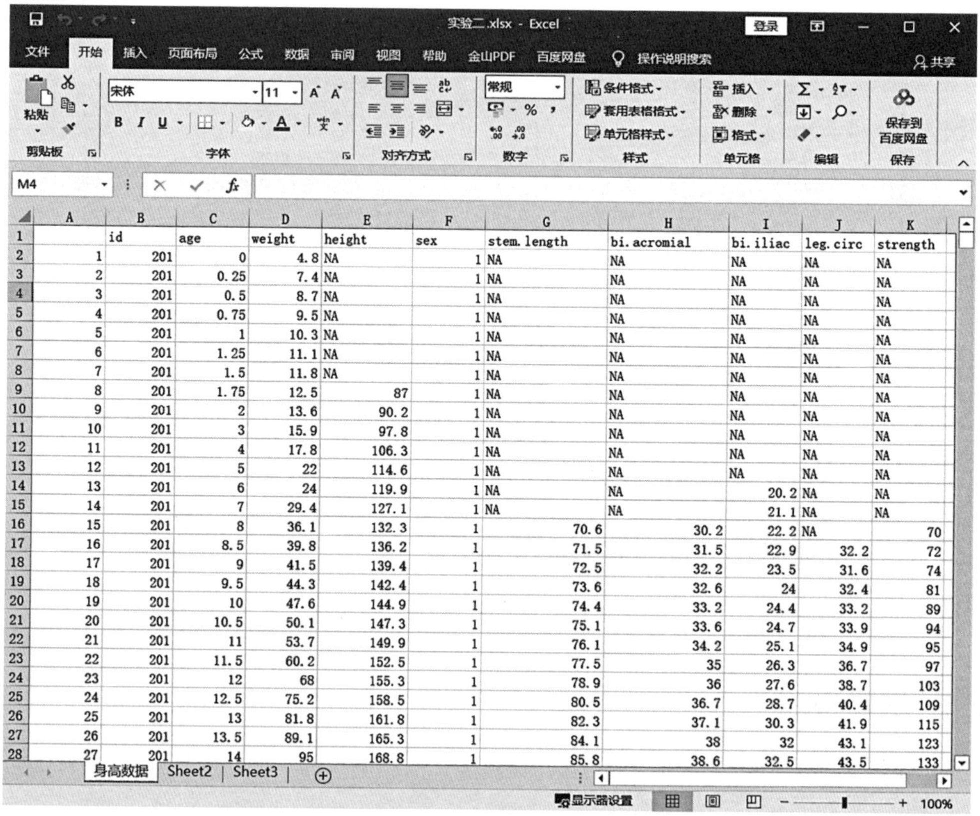

	id	age	weight	height	sex	stem.length	bi.acromial	bi.iliac	leg.circ	strength
1	201	0	4.8	NA	1	NA	NA	NA	NA	NA
2	201	0.25	7.4	NA	1	NA	NA	NA	NA	NA
3	201	0.5	8.7	NA	1	NA	NA	NA	NA	NA
4	201	0.75	9.5	NA	1	NA	NA	NA	NA	NA
5	201	1	10.3	NA	1	NA	NA	NA	NA	NA
6	201	1.25	11.1	NA	1	NA	NA	NA	NA	NA
7	201	1.5	11.8	NA	1	NA	NA	NA	NA	NA
8	201	1.75	12.5	87	1	NA	NA	NA	NA	NA
9	201	2	13.6	90.2	1	NA	NA	NA	NA	NA
10	201	3	15.9	97.8	1	NA	NA	NA	NA	NA
11	201	4	17.8	106.3	1	NA	NA	NA	NA	NA
12	201	5	22	114.6	1	NA	NA	NA	NA	NA
13	201	6	24	119.9	1	NA	NA	20.2	NA	NA
14	201	7	29.4	127.1	1	NA	NA	21.1	NA	NA
15	201	8	36.1	132.3	1	70.6	30.2	22.2	NA	70
16	201	8.5	39.8	136.2	1	71.5	31.5	22.9	32.2	72
17	201	9	41.5	139.4	1	72.5	32.2	23.5	31.6	74
18	201	9.5	44.3	142.4	1	73.6	32.6	24	32.4	81
19	201	10	47.6	144.9	1	74.4	33.2	24.4	33.2	89
20	201	10.5	50.1	147.3	1	75.1	33.6	24.7	33.9	94
21	201	11	53.7	149.9	1	76.1	34.2	25.1	34.9	95
22	201	11.5	60.2	152.5	1	77.5	35	26.3	36.7	97
23	201	12	68	155.3	1	78.9	36	27.6	38.7	103
24	201	12.5	75.2	158.5	1	80.5	36.7	28.7	40.4	109
25	201	13	81.8	161.8	1	82.3	37.1	30.3	41.9	115
26	201	13.5	89.1	165.3	1	84.1	38	32	43.1	123
27	201	14	95	168.8	1	85.8	38.6	32.5	43.5	133

图 4-22 身高数据表

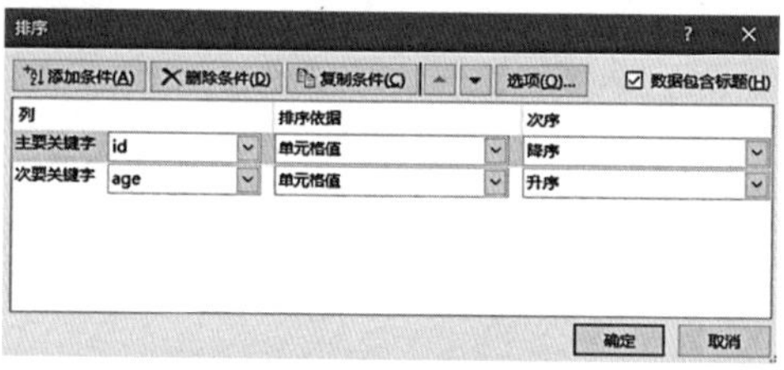

图 4-23 “排序”对话框

③选择要分类汇总的区域 B1:K4885，打开“数据”选项卡并单击“分级显示”组中的“分类汇总”按钮，打开“分类汇总”对话框，如图 4-24 所示。

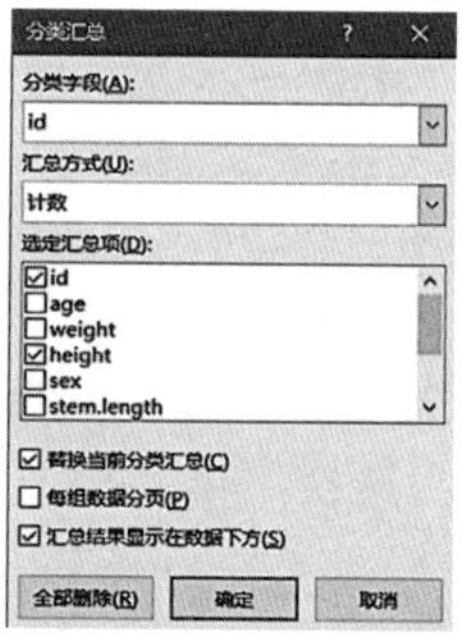

图 4-24 “分类汇总”对话框

④从“分类字段”下拉列表中选择“id”，从“汇总方式”下拉列表中选择“计数”，从“选定汇总项”列表中勾选“height”，选中“汇总结果显示在数据下方”，在数据下方显示汇总结果。单击“确定”按钮，完成按 id 的分类汇总，如图 4-25 所示。

	A	B	C	D	E	F	G	H	I	J	K
4783	4653	207	13	51	152	1	78	33.8	24.9	34.4	84
4784	4654	207	13.5	54	155.8	1	79.2	34.4	25.3	35.4	88
4785	4655	207	14	58.5	160.4	1	81.3	35.3	26.4	36.5	91
4786	4656	207	14.5	63.4	165.1	1	84.3	36.6	27.5	37.4	97
4787	4657	207	15	68.6	168.5	1	86.5	38.1	27.8	38.1	102
4788	4658	207	15.5	72.9	170.4	1	87.5	39.3	28.1	38.7	118
4789	4659	207	16	76.5	171.6	1	88.2	39.7	28.5	39.2	136
4790	4660	207	16.5	81.9	172.4	1	89.6	39.8	29.3	39.5	155
4791	4661	207	17	80.6	172.5	1	89.6	39.8	29.4	39	154
4792	4662	207	17.5	79.4	172.5	1	89.6	39.8	29.4	39	153
4793	4663	207	18	78.2	172.5	1	89.6	39.8	29.4	39.1	152
4794	4664	207	18.5	76.9	172.5	1	89.6	39.8	29.4	39.1	150
4795		207 计数			36						
4832		206 计数			36						
4869		205 计数			36						
4907		204 计数			37						
4948		203 计数			40						
4984		202 计数			35						
5021		201 计数			36						
5022		总计数			4884						

图 4-25　分类汇总表一

⑤在功能区中单击右键，选择“自定义功能区（B）”，如图 4-26 所示，在弹出的对话框中单击“主选项卡”下的开始，点击“新建组”按钮，在开始主选项卡中创建新建组后，在“从下列位置选择命令（C）”下拉列表中选择“不在功能区中的命令”，单击选择“选定可见单元格”后单击“添加”按钮，将“选定可见单元格”命令添加到新建的组中，单击“确定”按钮。在功能区“开始”选项卡新建组中可以看到新添加的“选定可见单元格”命令。

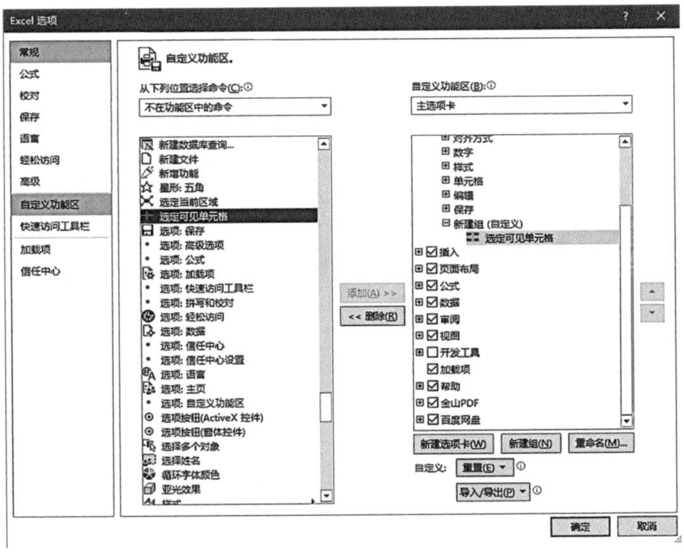

图 4-26　“Excel 选项”对话框

⑥选择表格第一行，单击右键，在弹出的对话框中单击“复制”。选中“37”至“5021”行，单击功能区“开始”选项卡“新建组”中“选定可见单元格”按钮，在选中的区域中单击右键，在弹出的对话框中选择“粘贴”。按 Esc 键去掉第二行上的虚线框。最后如图 4-27 所示。

	A	B	C	D	E	F	G	H	I	J	K
1		id	age	weight	height	sex	stem.length	bi.acromial	bi.iliac	leg.circ	strength
37		id	age	weight	height	sex	stem.length	bi.acromial	bi.iliac	leg.circ	strength
73		id	age	weight	height	sex	stem.length	bi.acromial	bi.iliac	leg.circ	strength
111		id	age	weight	height	sex	stem.length	bi.acromial	bi.iliac	leg.circ	strength
147		id	age	weight	height	sex	stem.length	bi.acromial	bi.iliac	leg.circ	strength
183		id	age	weight	height	sex	stem.length	bi.acromial	bi.iliac	leg.circ	strength
220		id	age	weight	height	sex	stem.length	bi.acromial	bi.iliac	leg.circ	strength
256		id	age	weight	height	sex	stem.length	bi.acromial	bi.iliac	leg.circ	strength
292		id	age	weight	height	sex	stem.length	bi.acromial	bi.iliac	leg.circ	strength
328		id	age	weight	height	sex	stem.length	bi.acromial	bi.iliac	leg.circ	strength
364		id	age	weight	height	sex	stem.length	bi.acromial	bi.iliac	leg.circ	strength
400		id	age	weight	height	sex	stem.length	bi.acromial	bi.iliac	leg.circ	strength
436		id	age	weight	height	sex	stem.length	bi.acromial	bi.iliac	leg.circ	strength
472		id	age	weight	height	sex	stem.length	bi.acromial	bi.iliac	leg.circ	strength
510		id	age	weight	height	sex	stem.length	bi.acromial	bi.iliac	leg.circ	strength
546		id	age	weight	height	sex	stem.length	bi.acromial	bi.iliac	leg.circ	strength
582		id	age	weight	height	sex	stem.length	bi.acromial	bi.iliac	leg.circ	strength

图 4-27　分类汇总表二

⑦最后删除分类汇总。单击左上边的数字“3”，选择单元格区域 B1:K5022，单击功能区“数据”选项卡中的“分类汇总”按钮，在弹出的对话框中单击“全部删除”，结果如图 4-28 所示。

	A	B	C	D	E	F	G	H	I	J	K
1		id	age	weight	height	sex	stem.length	bi.acromial	bi.iliac	leg.circ	strength
2	1	385	0	3.2	NA	2	NA	NA	NA	NA	NA
3	2	385	0.25	6	61	2	NA	NA	NA	NA	NA
4	3	385	0.5	7.9	67.5	2	NA	NA	NA	NA	NA
5	4	385	0.75	9.1	72.1	2	NA	NA	NA	NA	NA
6	5	385	1	10.5	76.1	2	NA	NA	NA	NA	NA
7	6	385	1.25	11.9	78.4	2	NA	NA	NA	NA	NA
8	7	385	1.5	13.1	82.3	2	NA	NA	NA	NA	NA
9	8	385	1.75	14.4	86	2	NA	NA	NA	NA	NA
10	9	385	2	15.9	89.2	2	NA	NA	NA	NA	NA
11	10	385	3	17.4	98.2	2	NA	NA	NA	NA	NA
12	11	385	4	21	106.7	2	NA	NA	NA	NA	NA
13	12	385	5	23.1	114.4	2	NA	NA	NA	NA	NA
14	13	385	6	27.9	121.9	2	NA	NA	19.6	NA	NA
15	14	385	7	32.2	129.5	2	NA	NA	20.9	NA	NA
16	15	385	8	37.3	135.2	2	NA	NA	22.2	NA	NA
17	16	385	8.5	39.9	138.1	2	NA	NA	22.8	NA	NA
18	17	385	9	42.4	140.8	2	71.9	32.9	23.4	32.6	74
19	18	385	9.5	44.6	144.8	2	74	33.1	23.8	32.9	82
20	19	385	10	48.2	148	2	75.1	33.8	24.3	33.6	91
21	20	385	10.5	52.2	151.3	2	76.2	34.5	24.8	34.4	100
22	21	385	11	54.7	154.7	2	77.7	34.9	25.3	34.9	105
23	22	385	11.5	56.5	158.4	2	79.4	35.2	25.9	35	110
24	23	385	12	58.7	161.7	2	81.3	35.8	26.6	35.2	117
25	24	385	12.5	60.5	164.2	2	82.9	36.5	27.4	35.6	123
26	25	385	13	62.2	165.6	2	84.1	36.3	28.1	36	129
27	26	385	13.5	64	166.4	2	85.1	35.6	28.3	36.6	131
28	27	385	14	65.5	167	2	85.6	35.6	28.7	37.4	126
29	28	385	14.5	67	167.7	2	86.1	36.1	29.4	38.4	120
30	29	385	15	68.6	168.1	2	86.5	36.5	29.5	39	115
31	30	385	15.5	69.8	168.4	2	86.6	36.6	29.2	39.5	115
32	31	385	16	70.1	168.5	2	86.6	36.6	29.2	39.9	128
33	32	385	16.5	69.3	168.5	2	86.5	36.9	29	39.8	139
34	33	385	17	67.8	168.6	2	86.7	36.9	28.9	39.4	142
35	34	385	17.5	66.1	168.9	2	86.9	36.7	28.9	38.8	144
36	35	385	18	63.1	169.2	2	87.3	38	28.9	37.9	142
37		id	age	weight	height	sex	stem.length	bi.acromial	bi.iliac	leg.circ	strength
38	36	384	0.085	3.8	56	2	NA	NA	NA	NA	NA
39	37	384	0.25	6.4	59.6	2	NA	NA	NA	NA	NA
40	38	384	0.5	8.2	68.6	2	NA	NA	NA	NA	NA

图 4-28　结果表

4.2.3 实训内容

①将图 4-29 的表格按品名进行数量、金额的求和汇总。

②根据图 4-30，对各出版社书籍的种类、数量和码洋进行分类汇总并创建数据透视表，创建切片器并筛选出中华书局所出版的书籍。

品名	数量(个)	单价(元)	金额(元)
A	450	5	2250
A	600	2	1200
A	600	7	4200
B	150	8	1200
B	750	3	2250
B	1200	6	7200
C	450	3	1350
C	900	5	4500
C	1050	7	7350
D	300	1	300
D	450	8	3600
D	750	9	6750
E	450	7	3150
E	900	7	6300

图 4-29　实例 1

	A	B	C	D
1	出版社	图书	库存量(本)	单价(元)
2	人民文学出版社	西游记	200	25
3	中华书局	二十四史	579	129
4	人民文学出版社	水浒传	244	40
5	上海译文出版社	月亮与六便	569	38
6	中华书局	资治通鉴	467	80
7	人民文学出版社	三国演义	476	50
8	上海译文出版社	情人	532	59
9	中华书局	山海经	357	19.5
10	人民文学出版社	红楼梦	236	50
11	人民文学出版社	三国志	238	50
12	上海译文出版社	爱的艺术	380	43.5

图 4-30　实例 2

4.3 实验三　处理实验数据

4.3.1 实验目的

掌握 Power Query 进行简单的数据统计分析。

4.3.2 实验内容和步骤

打开上一个实验用到的“实验二 .xlsx”工作簿，切换到 Sheet2 的备份数据。选中 B—K 列，点击“数据”菜单“获取和转换”面板中的“从表格”，打开 Power Query 编辑器，如图 4-31 所示。

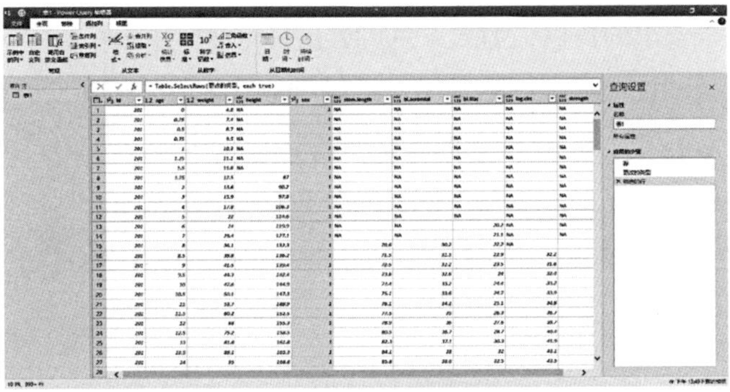

图 4-31　结果表

Power Query 编辑器的操作与 Excel 有些不同，更类似于数据库的操作模式。按住 Ctrl 键，鼠标左键点击“stem.length”“bi.acromial”“bi.iliac”“leg.circ”和“strength”，选中后点击右键，删除列。

点击“添加条件列”，输入新列名“性别”，列名“sex”，运算符“等于”，值“1”，输出“男”。然后点击“添加子句”按钮，列名“sex”，运算符“等于”，值“2”，输出“女”，字最下面的 ELSE 框中输入“数据缺失或数字错误”。点击“确定”按钮，完成列的添加，如图 4-32 所示。

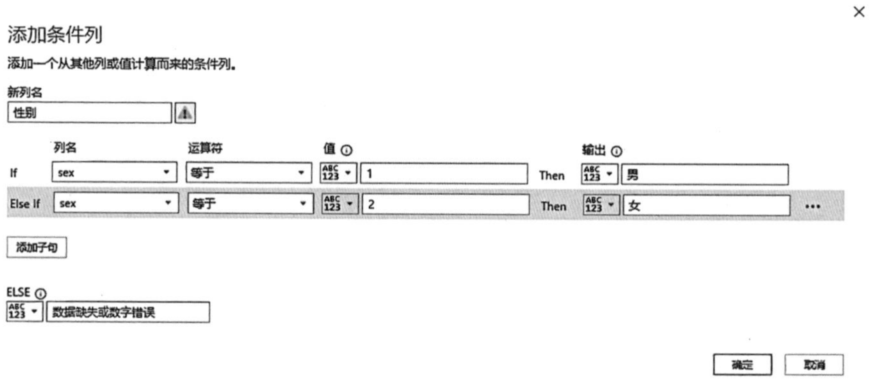

图 4-32　添加条件列

点击“height”列下的值为“NA”的单元格，右键菜单中选择“筛选器”→“不等于”，将身高数据为空的行进行屏蔽，如图 4-33 所示。

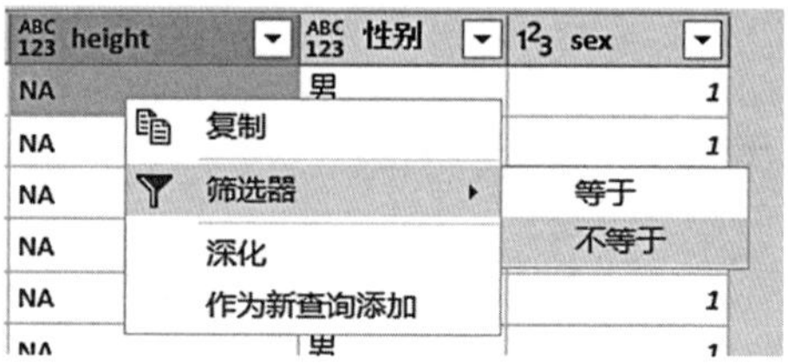

图 4-33　筛选器

同理，点击“weight”的倒三角按钮，在筛选栏中去掉 null 前的钩，确认后，显示符合要求的数据，如图 4-34 所示。

图 4-34　筛选空值

点击“自定义列”，新列名输入“BMI”，点击右侧“可用列”的列名，再点击“<< 插入”按钮可以将其输入公式中。公式为：“=[weight]/Number.Power([height]/100,2)”，如图 4-35 所示。

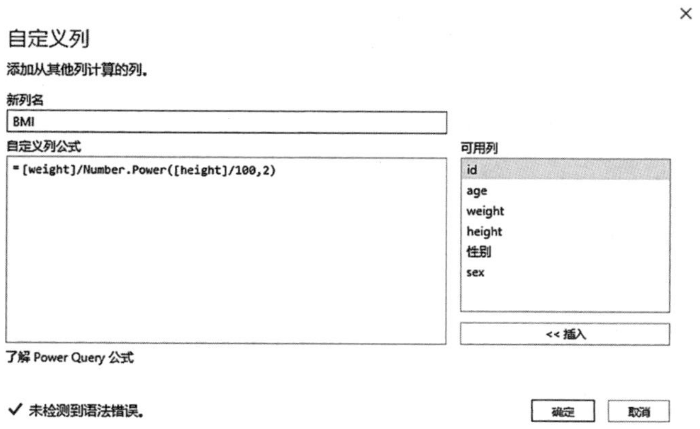

图 4-35 自定义列

Number.Power 是 Power Query M 公式语言中的幂函数，和 Excel 本体一样，Power Query 拥有庞大的函数库，需要使用想要的函数时，可以点击下方蓝色字体的“了解 Power Query 公式”在官方文档中进行查询。许多在 Excel 本体中较难实现的公式，在 Power Query 中都可以使用这种较为省时省力的方式实现。

最后点击“确定”按钮，插入 BMI 列，如图 4-36 所示。

点击“文件”菜单下的“关闭并上载”按钮，如图 4-37 所示，退出 Power Query 编辑器并将处理结果显示到 Excel 表格中，将工作表名称改为“查询数据”，如图 4-38 所示。

sex	性别	BMI
1	男	16.51473114
1	男	16.71574869
1	男	16.62338314
1	男	15.75264454
1	男	16.75149012
1	男	16.69447921

图 4-36 BMI 列

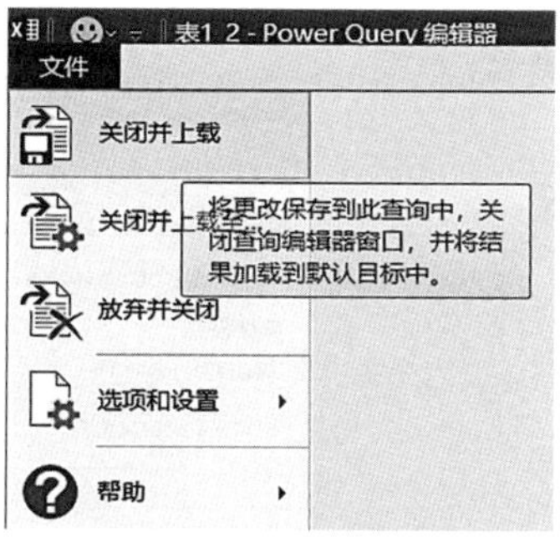

图 4-37 “关闭并上载”

	A	B	C	D	E	F	G
1	id	age	weight	height	sex	性别	BMI
2	201	1.75	12.5	87	1	男	16.51473114
3	201	2	13.6	90.2	1	男	16.71574869
4	201	3	15.9	97.8	1	男	16.62338314
5	201	4	17.8	106.3	1	男	15.75264454
6	201	5	22	114.6	1	男	16.75149012
7	201	6	24	119.9	1	男	16.69447921
8	201	7	29.4	127.1	1	男	18.19936476
9	201	8	36.1	132.3	1	男	20.62469399
10	201	8.5	39.8	136.2	1	男	21.4550167
11	201	9	41.5	139.4	1	男	21.35612967
12	201	9.5	44.3	142.4	1	男	21.8465945
13	201	10	47.6	144.9	1	男	22.67097415
14	201	10.5	50.1	147.3	1	男	23.09044125
15	201	11	53.7	149.9	1	男	23.89852074
16	201	11.5	60.2	152.5	1	男	25.88551465
17	201	12	68	155.3	1	男	28.19460413
18	201	12.5	75.2	158.5	1	男	29.93362458
19	201	13	81.8	161.8	1	男	31.24613243
20	201	13.5	89.1	165.3	1	男	32.60858825

图 4-38 Power Query 保存的表

点击H1单元格，输入“速率（cm/year）”，在H2输入公式：“=IF(A2=A3,(D3−D2)/(B3−B2),0)”，按Enter键完成整列数据的计算。

按住Ctrl键，选择B31:B64和D31:D64的区域，点击“插入”菜单下的“图表”→“折线图”按钮，如图4-39所示。

选中折线图，点击“设计”菜单下的“数据面板”的“选择数据”，如图4-40所示。

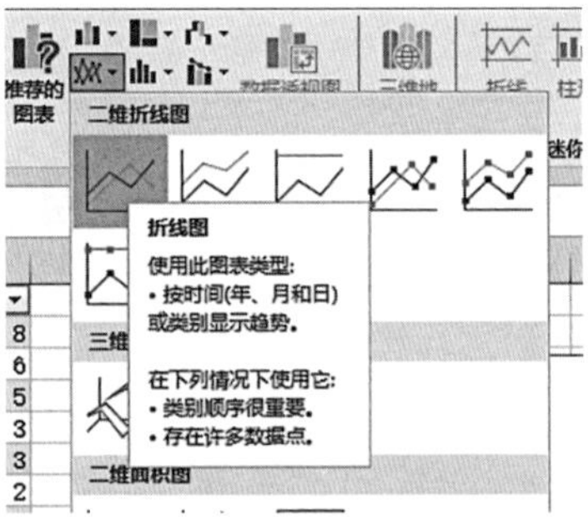

图4-39　插入折线图

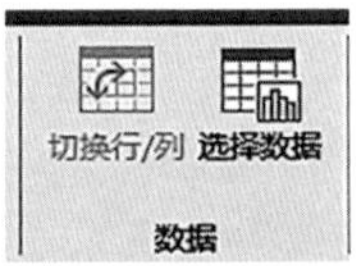

图4-40　选择数据

在“选择数据”对话框中删除左侧的系列1，选中系列2，点击“编辑”按钮，点击系列名称的 按钮，点击A31。右侧的水平轴标签点击“编辑”，选择B31:B64区域，点击“确定”完成数据的更改。双击修改“图表标题”为“年龄—身高曲线”。

同理，插入图4-41所示的“年龄—身高增长速率”折线图。

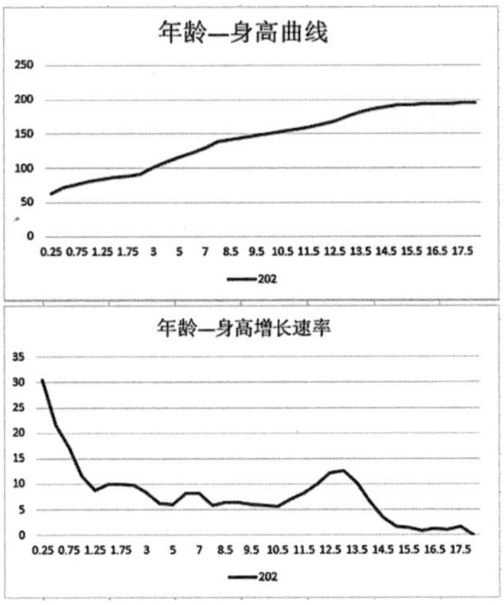

图4-41　202的个人曲线

切换到Sheet3，重命名为“平均数据”。在A1、B1、D1和E1中分别输入表头：“年龄（男）”“身高”“年龄（女）”“身高”。切换到“查询数据”工作表，选中B（age）列，点击“数据”菜单下的“排序和筛选”面板中的“高级”选项。选择“将筛选结果复制到其他位置”方式，点击“复制到”右边的 按钮，选择当前页面的空白列，例如“Q”或“R”。勾选“选择不重复的记录”，点击“确定”完成筛选（高级筛选结果只能复制到活动的工作表），如图4-42所示。

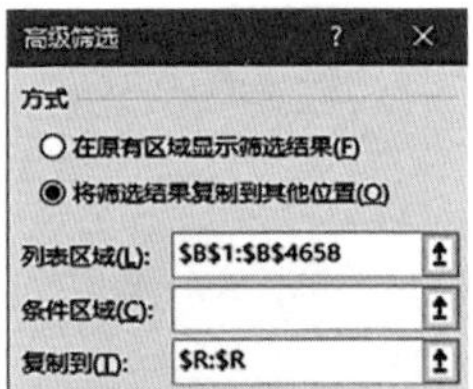

图4-42　高级筛选

从观察发现上一步筛选出来的不重复的年龄结果可知，顺序是乱的，需要进行排序。选中复制出来的列，点击“数据”菜单下的“排序和筛选”面板中的“排序”按钮左侧的“从小到大排列”按钮，完成排序。

将排序结果剪切到“平均数据”表格的年龄列下。分别计算每个年龄段的男女生的平均身高。在 B2 单元格输入公式："=AVERAGEIFS(查询数据 !D:D, 查询数据 !F:F," 男 ", 查询数据 !B:B, 平均数据 !A2) "。按 Enter 键后，按住"填充句柄"往下拖拽至所有都完成为止。由于男生没有 0.085 岁的数据，因而导致了报错，选中 A2:B2，右键删除，选择"下方单元格上移"确定即可。

同理，对于女生的平均身高，在 E2 输入公式："=AVERAGEIFS(查 询 数 据 !D:D, 查 询 数 据 !F:F," 女 ", 查 询 数 据 !B:B, 平 均 数 据 !D2) "，删除女生的 20.5 岁和 21 岁的报错数据。

分别绘制男生和女生的平均生长曲线折线图，如图 4-43 所示，之后保存 Excel 文档。

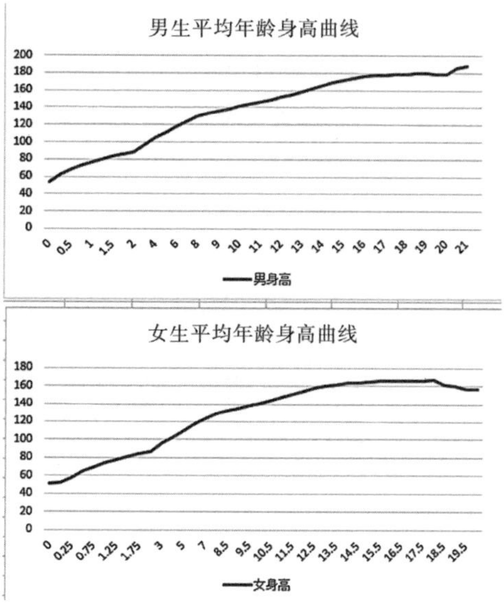

图 4-43　平均生长曲线折线图

4.3.3　实训内容

①使用 Power Query 将图 4-44 左图的人员分解，达到右图的效果。

	A	B
1	部门	人员
2	A部门	张三、李四、王五
3	B部门	刘海、郑和、范清
4	C部门	熊大、熊二
5	D部门	周博、于晓、柳宇、赵四
6	E部门	贾力、胡德海，林凡、周宇、朴熙
7	F部门	李想、王伟、吕清田
8	G部门	金志、张扬

	列1	列2.1	列2.2	列2.3	列2.4
1	部门	人员	null	null	null
2	A部门	张三	李四	王五	null
3	B部门	刘海	郑和	范清	null
4	C部门	熊大	熊二	null	null
5	D部门	周博	于晓	柳宇	赵四
6	E部门	贾力	胡德海，林	周宇	朴熙
7	F部门	李想	王伟	吕清田	null
8	G部门	金志	张扬	null	null

图 4-44　实例 1

②使用 Excel 的公式将图 4-45 最左侧的字符串按照省市进行分离，达到右边两列的效果。

分离前	分离后1		分离后2	
山东省济南市	山东省	济南市	山东	济南
海南省海口市	海南省	海口市	海南	海口
黑龙江省哈尔滨市	黑龙江省	哈尔滨市	黑龙江	哈尔滨

图 4-45　实例 2

③将图 4-46 中的两列字母按照“A、B、C、D、E、F、G、H”的顺序合并成一列。

④将 A2 到 A13 的 12 个标签按照 x 轴和 y 轴做成散列图，并画出趋势线，在图中写出各点的标签，如图 4-47 所示。

A	B
C	D
E	F
G	H

图 4-46　实例 3

	数据	x轴	y轴
2	a0	3	5
3	a1	5	10
4	a2	7	15
5	a3	9	16
6	a4	16	29
7	a5	19	42
8	a6	27	48
9	a7	39	49
10	a8	41	59
11	a9	59	78
12	a10	68	82
13	a11	79	102
14			
15			
16			

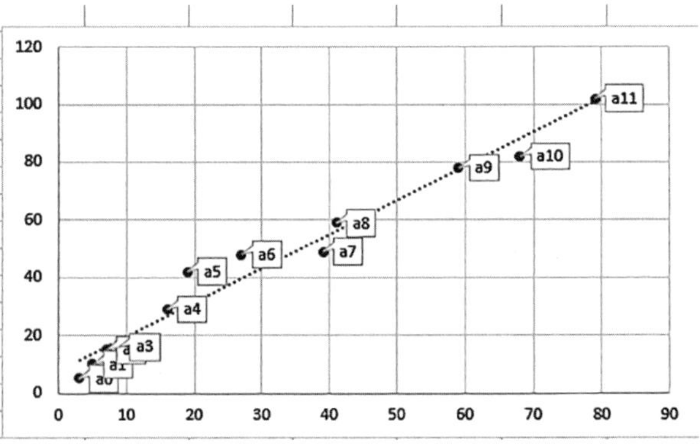

图 4-47　实例 4

⑤使用 Power Query 和函数将图 4-48 左图表格拆分为右图效果。

	A	B	C	D
1	课代表	班级	任课老师	科目
2	宋集级 王博 赵实阶	三年级一班 三年级二班 三年级三班	张其	英语
3	樊都 齐基端	二年级一班 二年级二班	赵里	数学
4	氏精 吴华	一年级四班 一年级五班	孙松	英语
5	徐东湖 许度 华西希	一年级一班 一年级二班 一年级三班	齐从	数学

	A	B	C	D	E
1	班级	任课老师	科目	年级	班级2
2	三年级一班	张其	英语	三年级	一班
3	三年级二班	张其	英语	三年级	二班
4	三年级三班	张其	英语	三年级	三班
5	二年级一班	赵里	数学	二年级	一班
6	二年级二班	赵里	数学	二年级	二班
7	一年级四班	孙松	英语	一年级	四班
8	一年级五班	孙松	英语	一年级	五班
9	一年级二班	齐从	数学	一年级	二班
10	一年级三班	齐从	数学	一年级	三班
11	一年级一班	齐从	数学	一年级	一班

图 4-48　实例 5

5 PowerPoint 2019

5.1 实验一 制作剪切主题幻灯片

5.1.1 实验目的

①掌握启动与退出 PowerPoint 2019 的方法。

②掌握幻灯片制作的基础知识（幻灯片的插入、移动、复制、删除及文本编辑等）。

③掌握幻灯片版式、主题、设计模板的设置及应用。

④掌握在幻灯片中插入图像、艺术字、SmartArt、声音、视频等对象的方法。

⑤掌握超链接的创建及其使用方法。

⑥掌握幻灯片动画的含义及其使用方法。

⑦掌握幻灯片切换的含义及其使用方法。

⑧掌握保存与放映演示文稿的方法。

5.1.2 实验内容和步骤

新建一个包括 4 张幻灯片的演示文稿文件，取名为“PPT 入门 .PPTX”，每张幻灯片的内容如图 5-1 至图 5-4 所示。

具体设置要求如下。

①幻灯片一为“标题幻灯片”版式，幻灯片二为“标题和内容”版式，幻灯片三为“两栏内容”版式，幻灯片四为“空白”版式。

图 5-1 幻灯片一

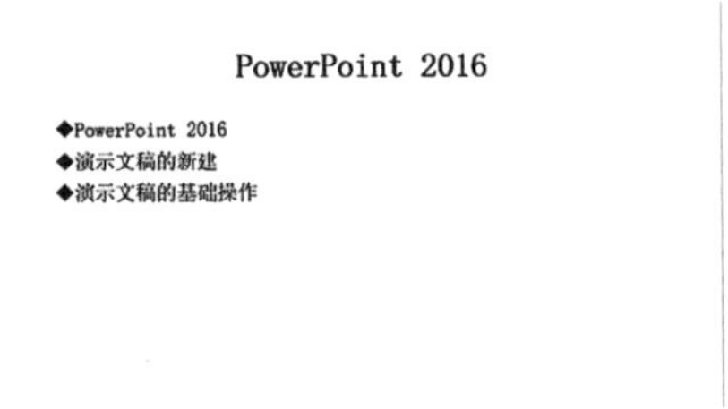

图 5-2 幻灯片二

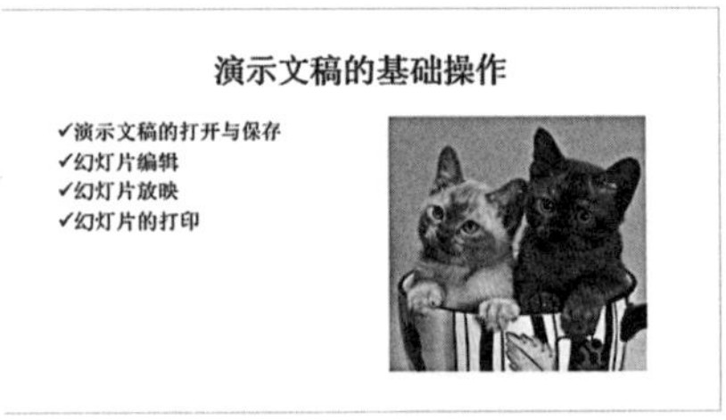

图 5-3 幻灯片三

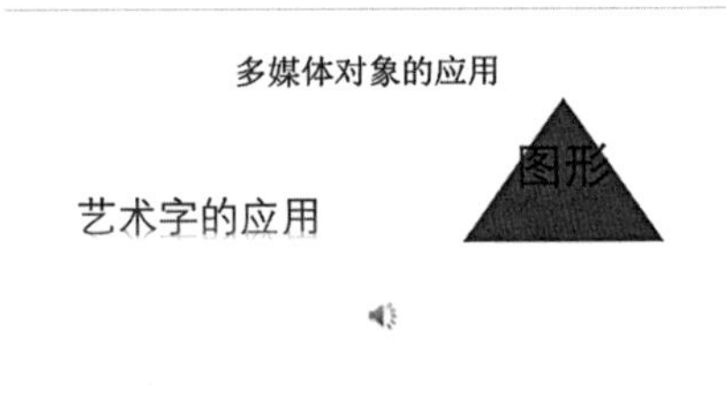

图 5-4 幻灯片四

②幻灯片一标题文字为 Times New Roman、44 号、加粗，副标题文字格式为宋体、32 号；幻灯片二、幻灯片三标题文字格式为宋体、44 号、加粗，内容文字格式为宋体、27 号，文本文字行距为 1 行。

③添加项目符号、剪贴画、艺术字、形状、声音、视频等对象。

④在幻灯片三后面插入一张新的幻灯片，内容不限，并将此幻灯片调整到最后，最后删除。

⑤将剪切主题应用到所有幻灯片。

⑥为演示文稿“PPT 入门 .PPTX”添加超链接。

⑦设置幻灯片“动画”效果。

⑧添加各幻灯片间“切换”效果。

⑨保存演示文稿到桌面，并取名为“学习 PPT 入门 .PPTX”。

⑩以多种形式放映演示文稿“学习 PPT 入门 .PPTX”。

1）创建幻灯片一

要求：创建图 5-1 所示的幻灯片一。

操作步骤如下。

①单击“开始”菜单，选择 PowerPoint 2019 打开，点击“新建”下的“空白演示文稿”即可新建一个演示文稿，系统默认为“标题幻灯片”版式，如图 5-5 所示。

②单击幻灯片中的“单击此处添加标题”占位符，输入“PowerPoint 2019”，设置文字格式为 Times New Roman、44 号、加粗。

③单击幻灯片中的“单击此处添加副标题”占位符，输入“PPT 入门”，设置文字格式为宋体、32 号。

图 5-5 “标题幻灯片”版式

2）创建幻灯片二

要求：创建图 5-2 所示的幻灯片二。

操作步骤如下。

①选择“插入”选项卡，单击“幻灯片”组中的“新建幻灯片”按钮，在弹出的“Office 主题”列表框中选择“标题和内容”版式，如图 5-6 所示。

②如幻灯片一操作一样，输入图 5-2 的相应内容，并设置标题文字格式为宋体、44 号、加粗，内容文字格式为宋体、27 号，文本文字行距为 1 行。

图 5-6 “标题和内容”版式

③选中幻灯片二中的文字，选择“开始”选项卡，单击“段落”组中的“项目符号”按钮，弹出“项目符号”选择框，如图 5-7 所示，选择图 5-2 中的项目符号。

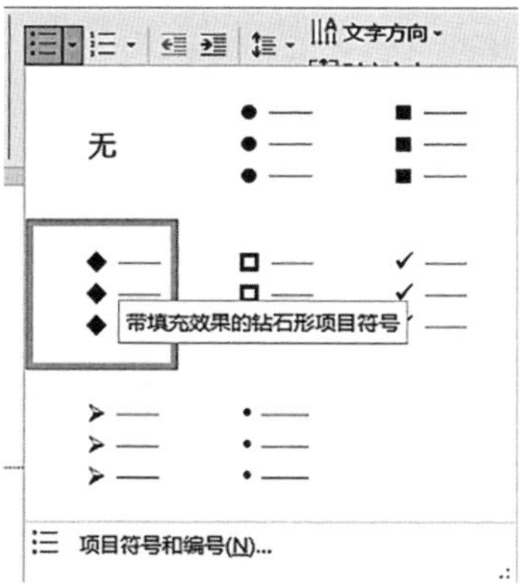

图 5-7 项目符号选择框

3）创建幻灯片三

要求：创建图 5-3 所示的幻灯片三。

操作步骤如下。

①选择“插入”选项卡，单击“幻灯片”组中的“新建幻灯片”按钮，在弹出的“Office 主题”列表框中选择“两栏内容”版式，如图 5-8 所示。

②在左侧占位符中输入图 5-3 中的标题文字和内容文字，并按照要求设置字体样式、大小、项目编号、行距，方法同上。

③在右侧占位符中，单击“联机图片”图标，弹出“插入图片”窗口，如图 5-9 所示，在搜索栏中输入“猫”，单击“搜索”按钮，搜索库中所有猫的图片，选择图 5-3 所示的“猫”或者自己喜欢的图片，将其插入幻灯片三中。

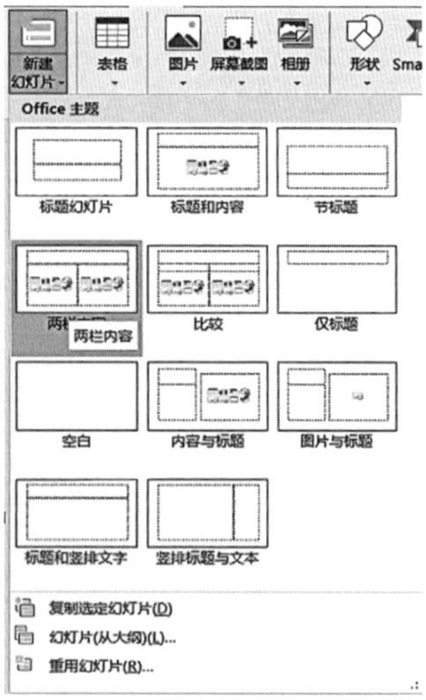

图 5-8　幻灯片版式选择框

图 5-9　插入图片对话框

4）创建幻灯片四

要求：创建图 5-4 所示的幻灯片四。

操作步骤如下。

①选择“插入”选项卡，单击“幻灯片”组中的“新建幻灯片”按钮，在弹出的“Office 主题”列表框中选择“仅标题”版式。

②在标题文字中输入“多媒体对象的应用”，并进行相应的设置，切换到“插入”选项卡，单击“文本”组中的“艺术字”按钮，弹出“艺术字”列表框，如图 5-10 所示，单击第 2 行第 2 列的艺术字样式，将其插入幻灯片中，输入文字“艺术字的应用”，并进行相应艺术字大小的设置。

图 5-10　“艺术字”列表框

③选择“插入”选项卡，单击“插图”组中的“SmartArt”按钮，弹出“选择 SmartArt 图形”列表框，如图 5-11 所示，选择图 5-4 所示的“棱锥图”，单击“确定”按钮，将其插入幻灯片四，并对插入的棱锥图进行相应设置。

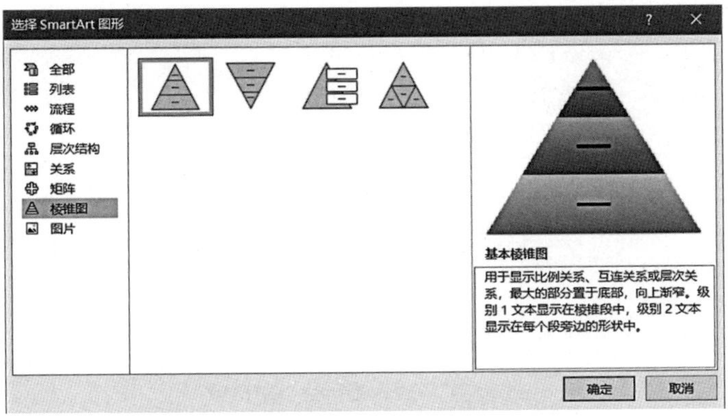

图 5-11 “选择 Smart Art 图形”列表框

④选择“插入”选项卡，单击“媒体”组中的“音频”按钮，弹出“音频”下拉框，如图 5-12 所示，选择其中任何一种形式，单击“确定”按钮，操作成功后会在幻灯片四中添加一个喇叭的标志，并可以对音频格式、播放等进行设置。

⑤选择“插入”选项卡，单击“媒体”组中的“视频”按钮，弹出“视频”下拉框，如图 5-13 所示，选择其中任何一种形式，单击“确定”按钮，操作成功后会在幻灯片四中添加黑色的矩形框，并可以对视频格式、播放等进行设置。

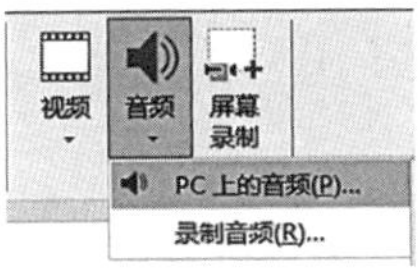

图 5-12 “音频”下拉框

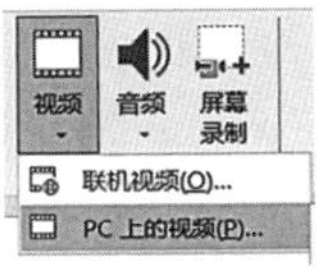

图 5-13 “视频”下拉框

5）在幻灯片中添加超链接

要求：为演示文稿“学习 PPT 入门”中的幻灯片二添加超级链接。

操作步骤如下。

①选中第二张幻灯片，选中其中的文字“演示文稿的基础操作”，选择“插入”选项卡，单击“链接”组中的“超链接”按钮，弹出“插入超链接”对话框，如图 5-14 所示，单击左侧“本文档中的位置”按钮，选择第三张幻灯片，单击“确定”按钮。

②单击“幻灯片放映”选项卡，单击“开始放映幻灯片”组中的“从头开始”按钮，观察播放效果。

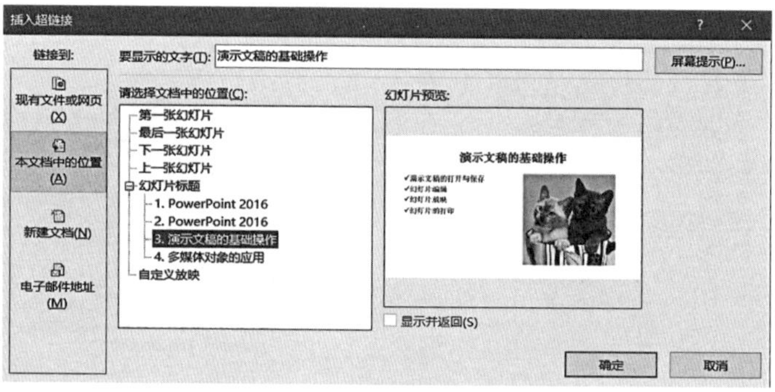

图 5-14 “插入超链接”对话框

6）幻灯片编辑

要求：插入新幻灯片，调整其播放顺序，并将其删除。

操作步骤如下。

①在普通视频模式下，点击左侧幻灯片三，选择“开始”选项卡，单击“幻灯片”组中的“新建幻灯片”按钮，在弹出的“Office 主题”列表框中选择“比较”版式。

②选择“视图”选项卡，单击“演示文稿视图”组中的“幻灯片浏览”按钮，按住鼠标左键拖动新建的幻灯片到达指定位置，松开鼠标，新的幻灯片将被放置到此位置。

③单击“幻灯片浏览”窗口中的新幻灯片，按退格键或者 Delete 键将此幻灯片删除。

7）幻灯片中模板的应用

要求：将剪切主题应用到演示文稿“PPT 入门 .PPTX”。

操作步骤如下。

选择“设计”选项卡，单击“主题”组中第 3 行第 7 个“剪切”按钮，如图 5-15 所示，观察演示文稿中所有幻灯片背景的变化，如图 5-16 所示。

图 5-15 幻灯片主题选择窗口

图 5-16 应用“剪切”主题后的幻灯片

8）设置幻灯片“动画”效果

要求如下。

①为幻灯片一的文字“PowerPoint 2019”添加“淡化”效果，设定开始为“单击时”，持续时间为 0.5s。

②为文字“PPT 入门”添加“轮子”“陀螺旋”“擦除”效果。

操作步骤如下。

①选择文字“PowerPoint 2019”，选择“动画”选项卡，单击“动画”组中的“淡化”按钮，如图 5-17 所示。

图 5-17 “动画”任务窗口

②同理，选中幻灯片一中的“PPT 入门”，选择动画效果“轮子”。

③选中文字“学习 PPT 的入门知识”，单击“高级动画”组中“添加动画”按钮，打开“添加动画”选择框，单击“强调”下方的“陀螺旋”按钮，选择“计时”组中“开始”选项为“上一动画之后”。

④选中文字“学习 PPT 的入门知识”，单击“高级动画”组中“添加动画”按钮，打开“添加动画”选择框，单击“退出”下方的“擦除”按钮。

⑤单击“预览”组中“预览”按钮，预览所有动画效果。

9）添加“幻灯片切换”效果

要求如下。

①在幻灯片一添加“形状”切换效果，调整持续时间为 1s。

②在幻灯片二添加“传送带”切换效果，并添加播放声音为“捶打”。

③在幻灯片三添加“门”切换效果，设定效果选项为“垂直”。

操作步骤如下。

①选择幻灯片一，选择“切换”选项卡，单击“切换到此幻灯片”组中的“形状”按钮，如图 5-18 所示，设定“计时”组中的“持续时间”为 0.8s。

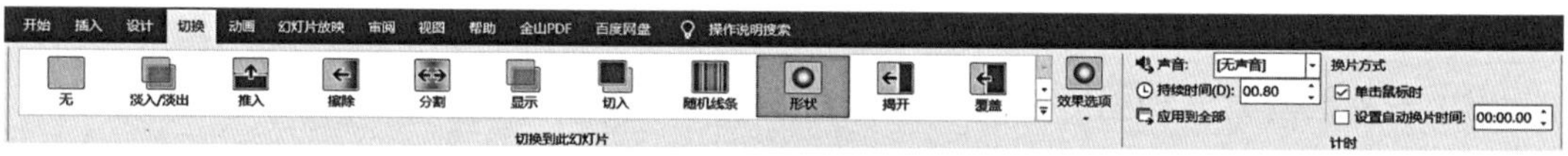

图 5-18 “切换”任务窗口

②选择幻灯片二，选择“切换”选项卡，单击“切换到此幻灯片”组中的“传送带”按钮，设定“计时”组中的“声音”为“捶打”。

③选择幻灯片三，选择“切换”选项卡，单击“切换到此幻灯片”组中的“门”按钮，设定“效果选项”为“垂直”。

④选择“切换”选项卡，单击“预览”组中的“预览”按钮，预览所有幻灯片的切换效果。

10）演示文稿的保存

要求：保存演示文稿，文件名字为“PPT 入门 .PPTX”。

操作步骤：

单击“文件”选项卡，选择下方弹出“保存”按钮，在弹出的“另存为”对话框中，选择“保存位置”为桌面，输入文件名字为“PPT 入门”，保存类型为“PowerPoint 演示文稿”。

11）演示文稿的播放

要求：播放演示文稿“PPT 入门 .PPTX”。

操作步骤：

单击“幻灯片放映”选项卡，单击“开始放映幻灯片”组中的“从头开始”按钮，开始播放。

5.1.3 实训内容

制作一个含有 10 张以上幻灯片的演示文稿“iPhone 最新产品介绍”，要求综合运用 PPT 的各种功能。

5.2 实验二　制作简单幻灯片母版

5.2.1 实验目的

①掌握启动与退出 PowerPoint 2019 的方法。

②掌握母版的设置方法。

③掌握保存与放映演示文稿的方法。

5.2.2 实验内容和步骤

本实验主要的内容如下。

①设置母版，要求有页脚、页码、播放控制按钮等。

②选择不同的母版视图方式展示演示文稿的内容。

1）新建演示文稿

要求：利用模板创建一个演示文稿。

操作步骤：

单击“开始”菜单，选中 Microsoft Office 文件夹，再选择 Microsoft PowerPoint 2019 就能打开一个演示文稿，系统默认为“标题幻灯片”版式，编辑新幻灯片内容如图 5-1 至图 5-4 所示。

2）设置幻灯片母版

要求：母版上设置页脚、页码、播放控制按钮等。

操作步骤如下。

①选择“视图”选项卡，单击“母版视图”组中的“幻灯片母版”按钮，便可以进入“幻灯片母版”视图中，根据需要选择剪切主题，如图 5-19 所示。

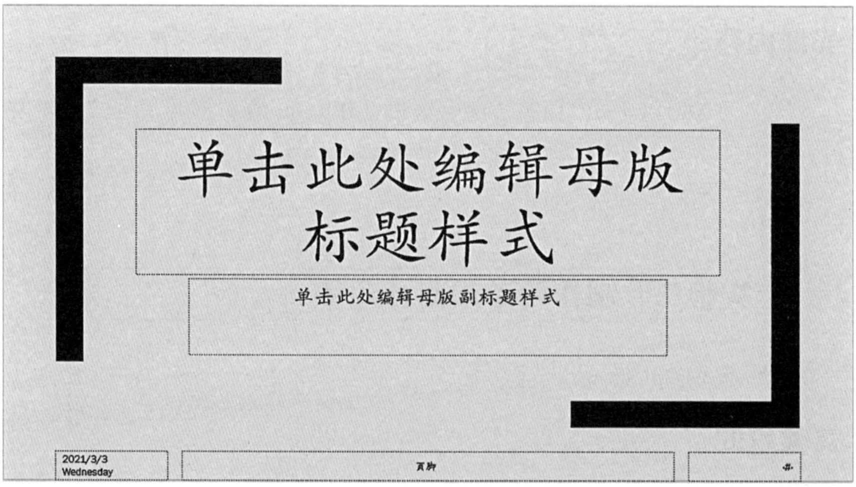

图 5-19　选择主题后的幻灯片母版

②选择“插入”选项卡，单击“文本”组中的“页眉和页脚”按钮，进入“页眉和页脚”对话框，根据需要在“日期和时间”“幻灯片编号”和“页脚”中进行勾选和其他设置，如图 5-20 所示。

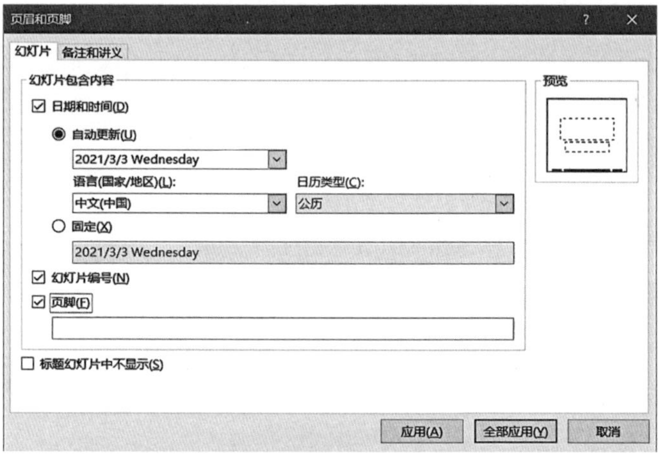

图 5-20　“页眉和页脚”对话框

③选择“开始”选项卡，单击“绘图”组中的“图形”按钮，选择其中“动作按钮”中的任意按钮，可以在母版中添加动作按钮，控制幻灯片的播放，如图 5-21 所示。

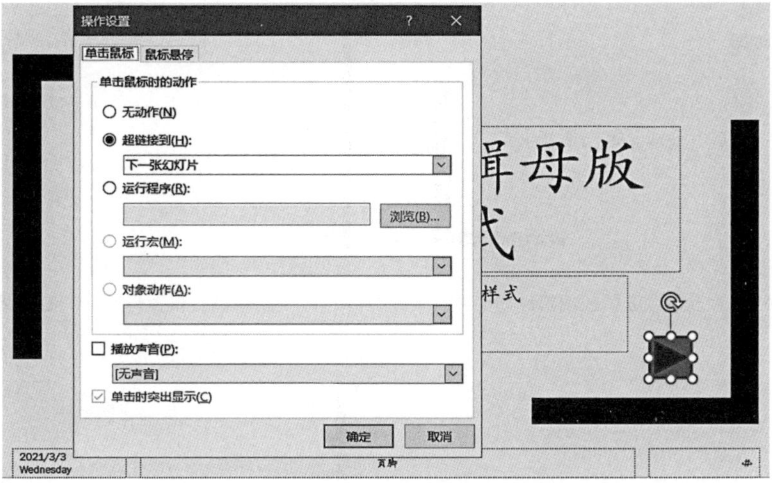

图 5-21　插入动作按钮动作设置对话框

④在母版中还可以设置文本域对象在幻灯片中的位置、大小、文本样式、主题颜色、背景灯信息等，其中在幻灯片母版中设置页脚、标题等要在其他幻灯片中显示，必须勾选相关选项，如图 5-22 所示。

⑤单击“视图”选项卡中的“母版视图”组中的“讲义母版”按钮，切换到“讲义母版”视图，就可以讲义的方式来展示演示文稿内容，如图 5-23 所示。

⑥单击“视图”选项卡中的“母版视图”组中的“备注母版”按钮，切换到“备注母版”视图，就可以备注的方式来展示演示文稿内容，如图 5-23 所示。

图 5-22　“幻灯片母版”设置对话框

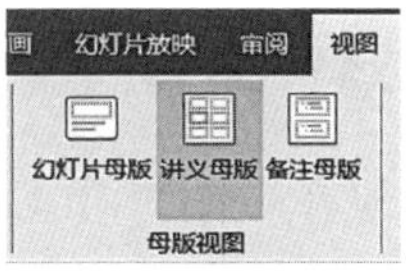

图 5-23　“母版视图”选择框

⑦单击“幻灯片母版”选项中的“关闭母版视图”按钮，便可以退出“幻灯片母版”视图，恢复正常的幻灯片界面，如图 5-24 至图 5-27 所示。

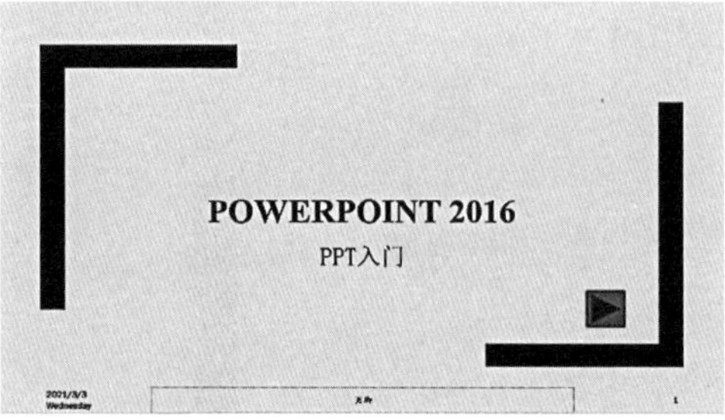

图 5-24　设置母版后的幻灯片一

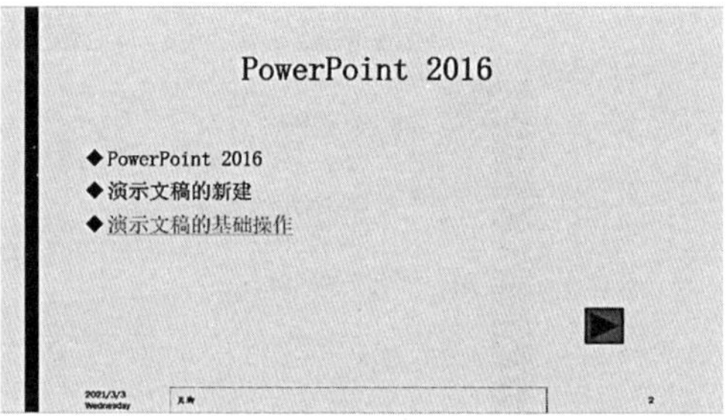

图 5-25　设置母版后的幻灯片二

图 5-26　设置母版后的幻灯片三

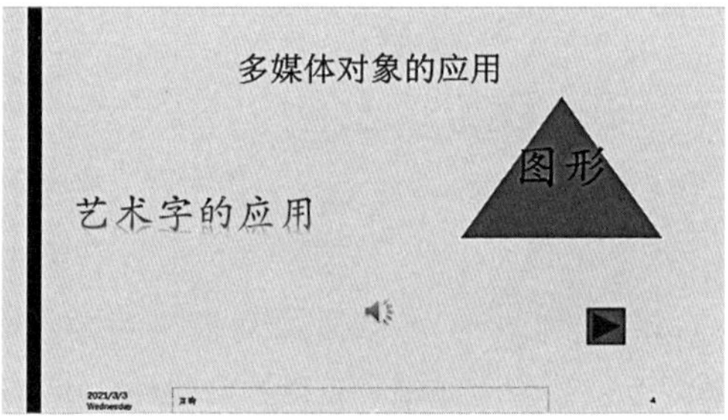

图 5-27　设置母版后的幻灯片四

3）演示文稿的播放

要求：播放演示文稿。

操作步骤：

单击“幻灯片放映”选项卡，单击“开始放映幻灯片”组中的“从头开始”按钮，开始播放。

5.2.3　实训内容

制作一个含有 4 张幻灯片的演示文稿“我的母校”，并且利用母版为演示文稿添加音乐背景和页脚。

6 计算机网络与安全

6.1 实验一 Gpg4win 实现电子邮件加密传送

6.1.1 实验目的

通过本次实验学习 Gpg4win 加密软件的使用方法，理解并掌握公开密钥的加密原理与应用。

6.1.2 实验内容与步骤

Gpg4win 是一款非对称加密方式软件。简单来讲，就是用公钥加密文件，用私钥解密文件。如果需要发送加密信息，首先需要获取接收者的公钥，然后利用该公钥加密后进行传递，对方利用对应的私钥就可解密。也就是说，公钥是锁，私钥是钥匙。非对称加密方式很好地解决了传递机密信息的问题。

1）实验原理

实验原理如图 6–1 所示。

2）实验主要内容与步骤

密钥管理：①生成公钥 / 私钥对；②密钥导出；③密钥导入。

邮件操作：①加密 / 解密邮件；②签名 / 验证邮件；③加密和签名 / 解密和验证邮件。

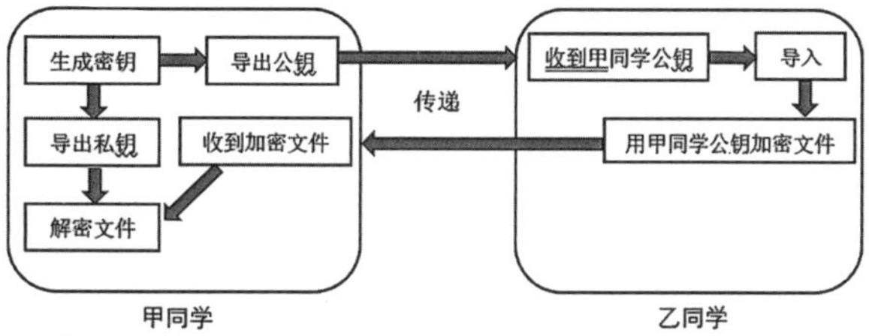

图 6–1 实验原理

6.1.3 实训内容

组成结对伙伴，如表 6-1 所示。

表 6-1 结对伙伴

学号	姓名	电子邮件
01	甲同学	chenlij2021@163.com
02	乙同学	wangmingh2021@163.com

1）开启 POP3/IMAP

假设通信双方分别为甲同学与乙同学，邮箱分别是 chenlij2021@163.com 和 wangmingh2021@163.com。

甲、乙两名同学分别在自己计算机上登录各自的 163 网易邮箱，点击邮箱页面上方的“设置”，选择“POP3/SMTP/IMAP”，如图 6-2 所示。请根据实际需求开启 POP3/IMAP 或者 SMTP/IMAP 服务，这里开启 POP3/IMAP，并根据页面提示进行短信验证操作。开通后即可使用 Outlook、Foxmail 等第三方客户端进行收发邮件。记录授权密码，如图 6-3 所示。

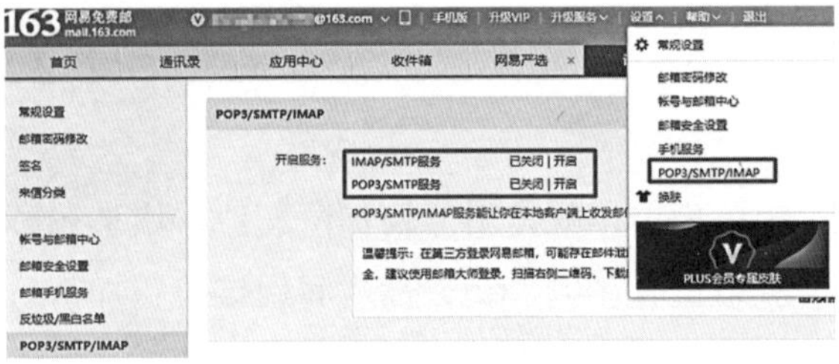

图 6-2 开启 POP3 / SMTP / IMAP

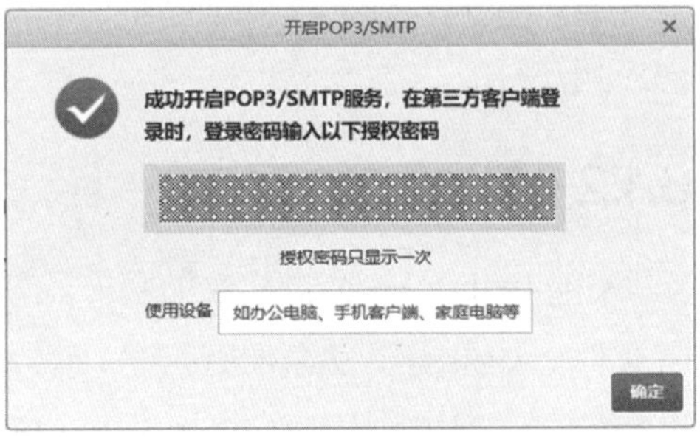

图 6-3 授权密码

2）设置 Outlook

点击“开始”按钮，点击启动 Outlook，如图 6-4 所示。

填入邮箱地址，点击“高级”选项，勾选“让我手动设置我的账户”，如图 6-5 所示，点击确定。

在弹出的窗口中点击 图标，如图 6-6 所示。在 POP 账户设置中填入接收邮件服务器“pop.163.com”和待发邮件服务器“smtp.163.com”，如图 6-7 所示，点击“下一步”。

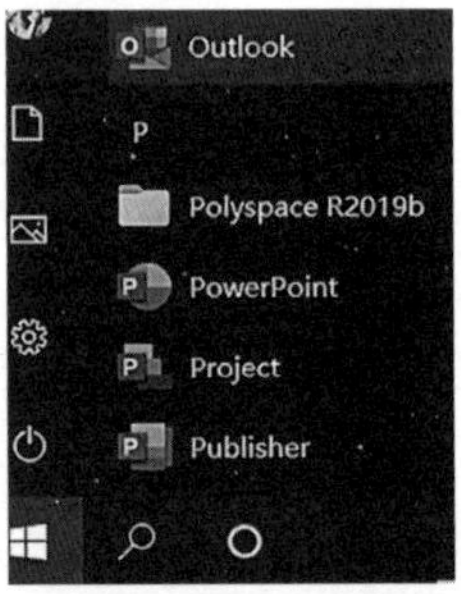

图 6-4 启动 Outlook

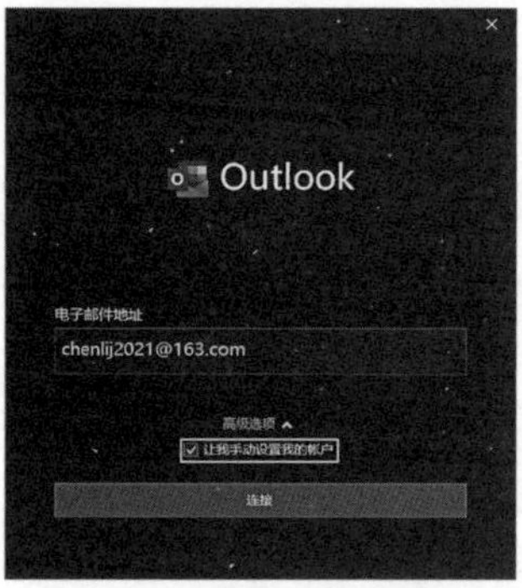

图 6-5　填入邮箱地址

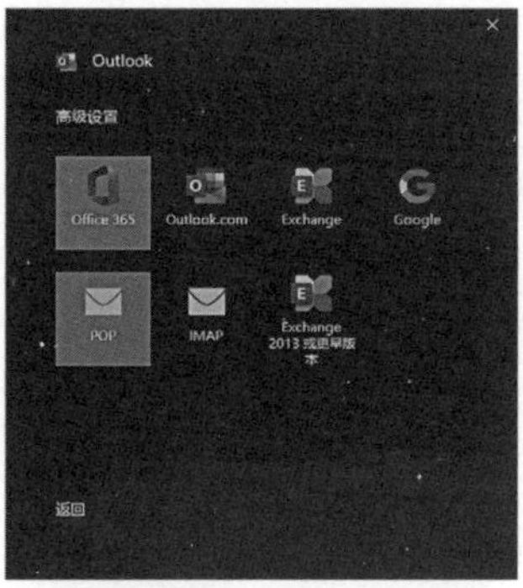

图 6-6　高级设置

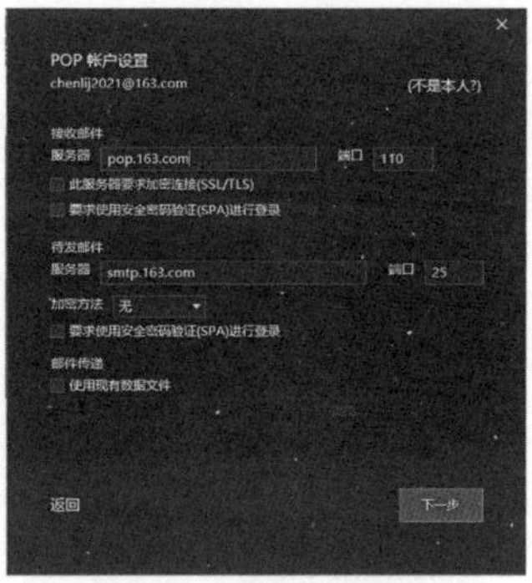

图 6-7　POP 账户设置

在密码框中填入图 6-3 记录下来的授权密码，如图 6-8 所示，点击“连接”，最后完成设置，如图 6-9 所示。这时可以进入 Outlook，界面如图 6-10 所示。

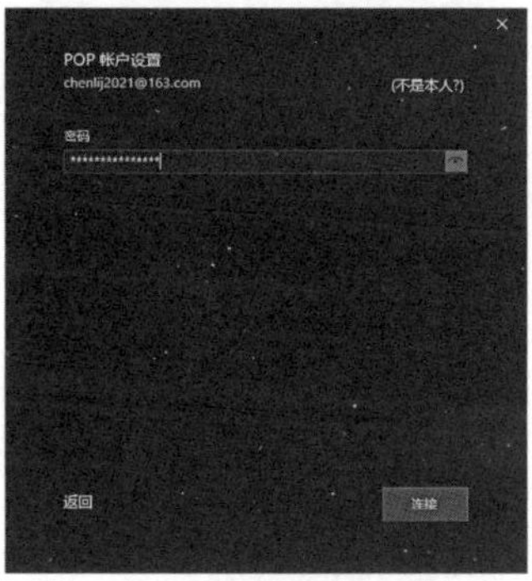

图 6-8　设置授权码

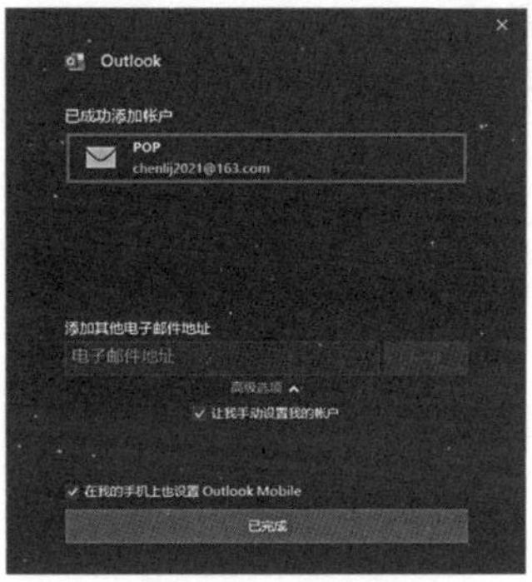

图 6-9　完成设置

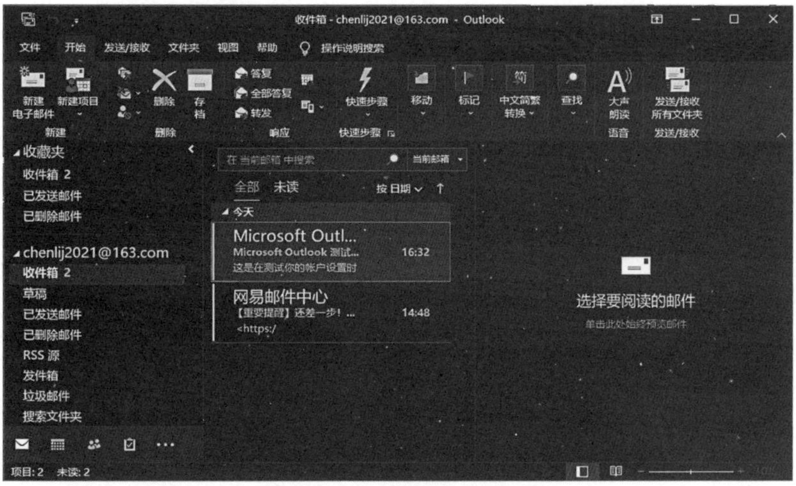

图 6-10　进入 Outlook

3）下载并安装 Gpg4win

甲、乙两名同学各自在自己计算机上下载并安装 Gpg4win。Gpg4win 是一款 Windows 平台下基于 RSA 公钥密码体制，集密钥生成、存储、发布于一体的密钥管理和加解密软件。包含 GpgOL、GpgEx、GnuPG 和 Kleopatra 等组件。从 http://www.gpg4win.org 上下载 Gpg4win 后安装。安装过程如图 6-11 至图 6-15 所示。

图 6-11 安装 Gpg4win（1）

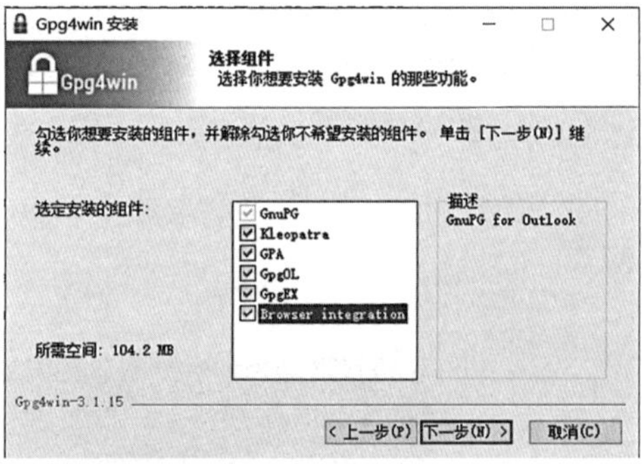

图 6-12　安装 Gpg4win（2）

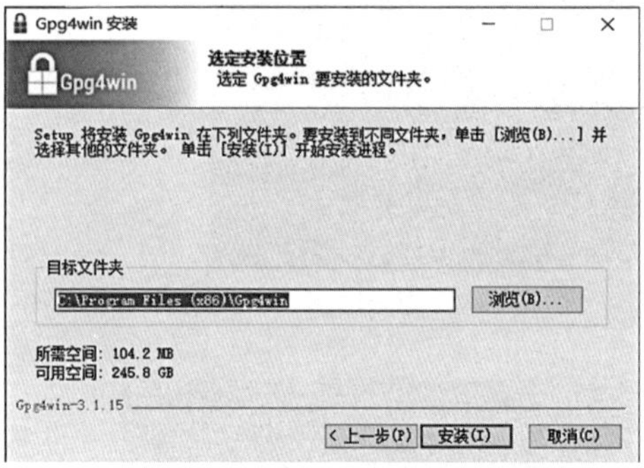

图 6-13　安装 Gpg4win（3）

图 6-14　安装 Gpg4win（4）

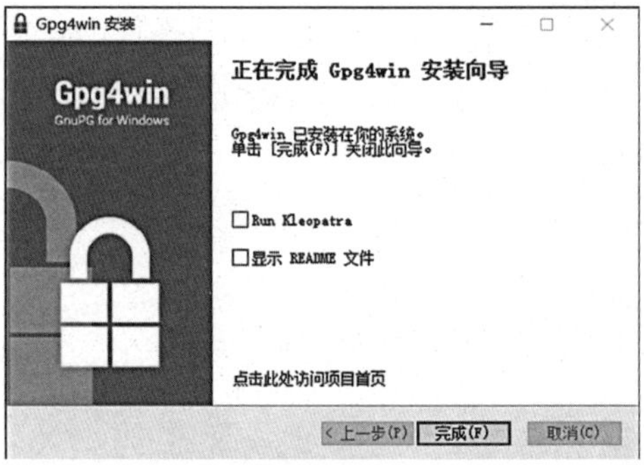

图 6-15　安装 Gpg4win（5）

4）创建密钥对

在使用之前，必须先生成公私密钥对。其中，公钥可以分发给需要与之通信的人，让他们用这个公钥来加密邮件或验证接收邮件的数字签名；私钥由使用者自己保存，使用者可以用这个密钥来解开加密邮件或对发送的邮件进行签名。

双击桌面 Kleopatra 图标 ，进入 Kleopatra 的开始界面，如图 6-16 所示，点击“文件”菜单，选择“新建密钥对”，选择“创建个人 OpenPGP 密钥对”，如图 6-17 所示。输入自己的名字和电子邮件地址，如图 6-18 所示，今后该密钥就会和这两个字符串相联系。当公钥被上传到网络上后，任何人都可以通过这两个字符串检索到该公钥。

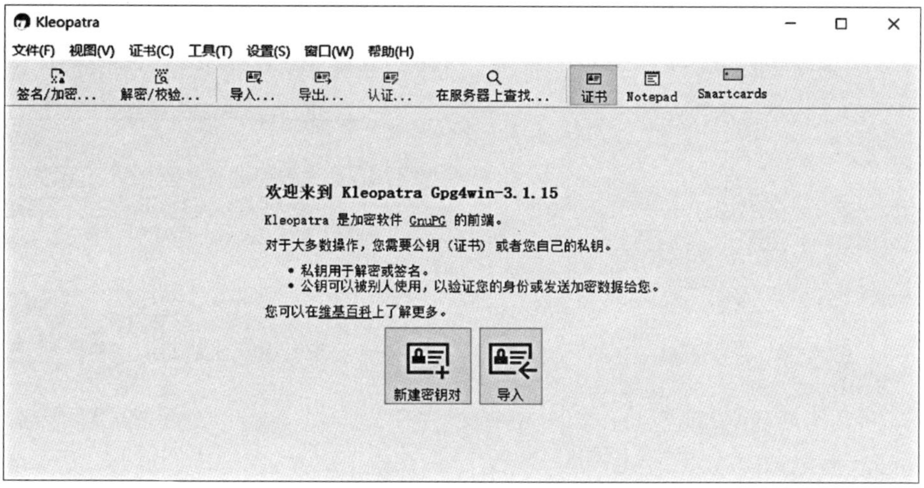

图 6-16　Kleopatra 开始界面

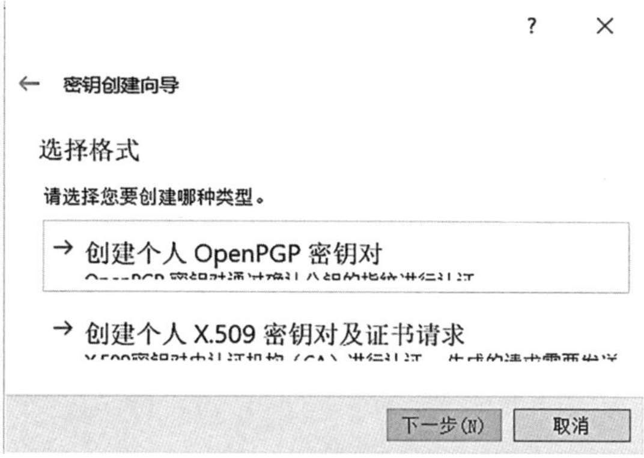

图 6-17　选择类型

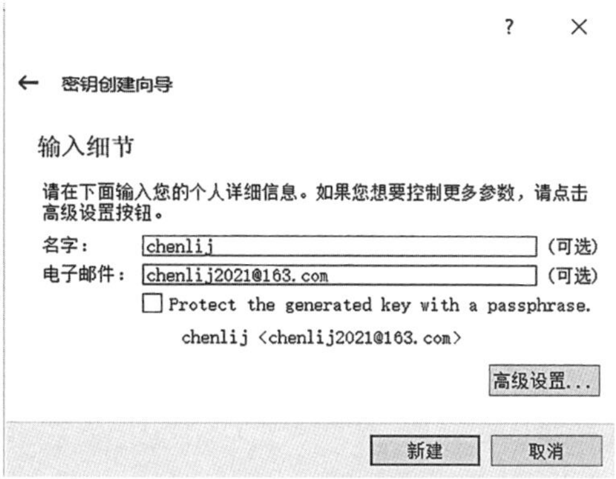

图 6-18　输入细节

点击“高级设置”，如图 6-19，选择密钥类型、长度和有效期等。

完成后，点击 OK 进入下一步，点击“完成”即可，如图 6-20 所示。

最后 Kleopatra 将提示创建密钥对完成，如图 6-20 所示，下方 3 个选项是备份密钥对、通过电子邮件发送公钥和将公钥上传到服务器，这里不需要执行上述操作，点击“完成”即可。

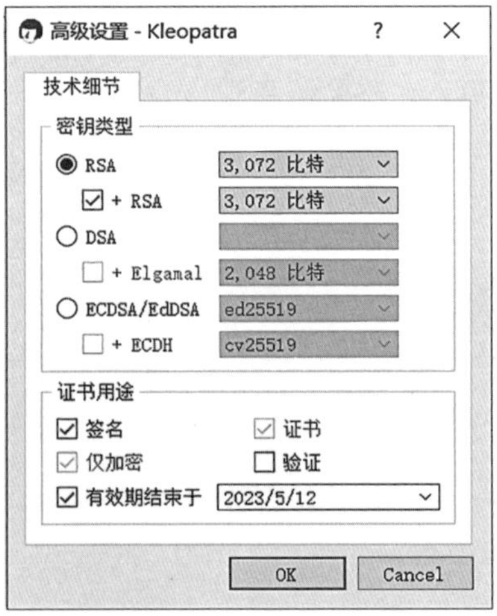

图 6-19　高级设置

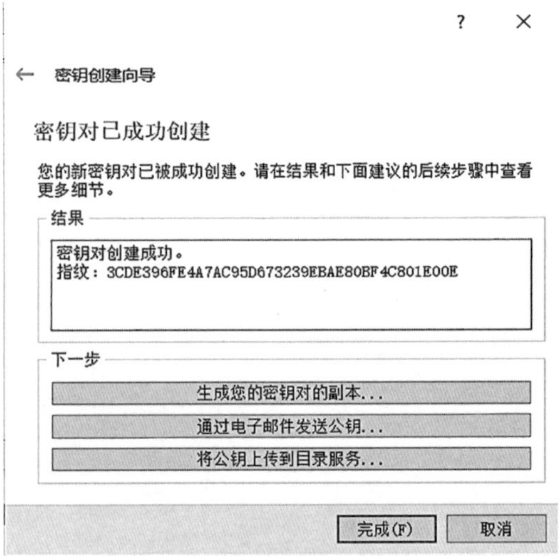

图 6-20　创建成功

现在回到 Kleopatra 主界面，如图 6-21，在甲同学机器上可以看到已经创建了一个名为“chenlij”的用户，本地已经存储该用户的公钥和私钥。

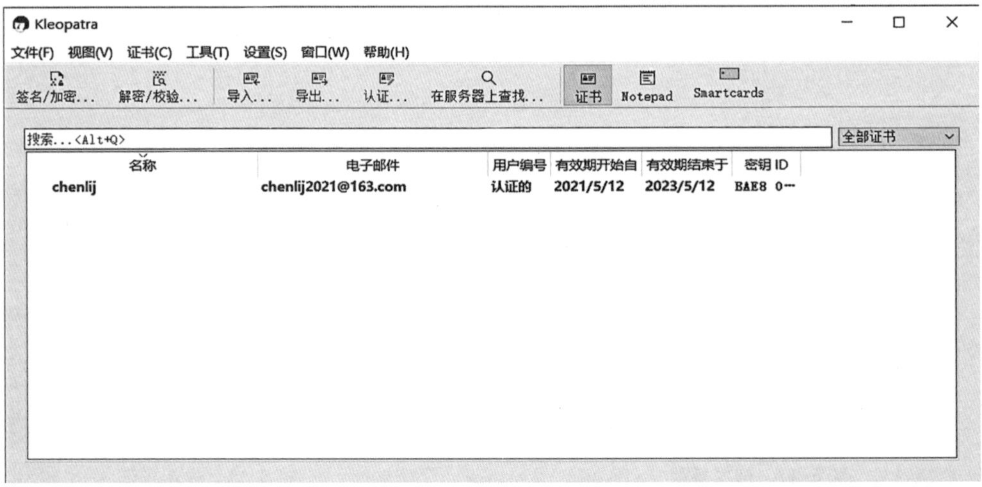

图 6-21　Kleopatra 主界面

5）导入导出公钥

生成密钥对之后，须导出公钥。在 Kleopatra 主界面中右键点击要导出公钥的密钥对，在右键菜单中选择“导出”证书，如图 6–22 所示。指定公钥的保存路径和文件名称，如图 6–23 所示。

图 6–22　右键菜单

甲同学将导出的公钥文件通过电子邮件以附件形式传递给乙同学，如图 6–24 所示。乙同学在收到甲同学的公钥文件后，将甲同学的公钥文件保存在自己的电脑上，如图 6–25 所示。乙同学接着打开 Kleopatra，在 Kleopatra 主界面导入公钥，如图 6–26 所示。可以通过文件菜单中的“导入”选项进行，也可以直接利用拖拽操作将公钥文件拖到 Kleopatra 的密钥列表，然后在弹出的菜单中选择“导入证书”。

乙同学在导入的过程中，如果乙同学尚未生成自己的公钥私钥对，则 Kleopatra 会提示创建。如图 6–26 所示，点击“是”按钮后，弹出图 6–27 所示窗口。点击图 6–27 中的“是”按钮，在弹出的窗口中输入细节信息，如图 6–28 所示，然后点击图中的“新建”，弹出图 6–29 所示窗口，点击“认证”按钮。

图 6–23　导出公钥

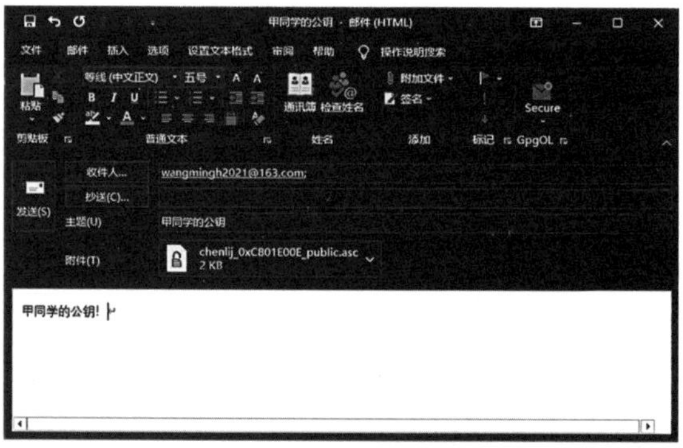

图 6-24　甲同学发送自己的公钥给乙同学

图 6-25　乙同学 Outlook 中下载甲同学发送的公钥

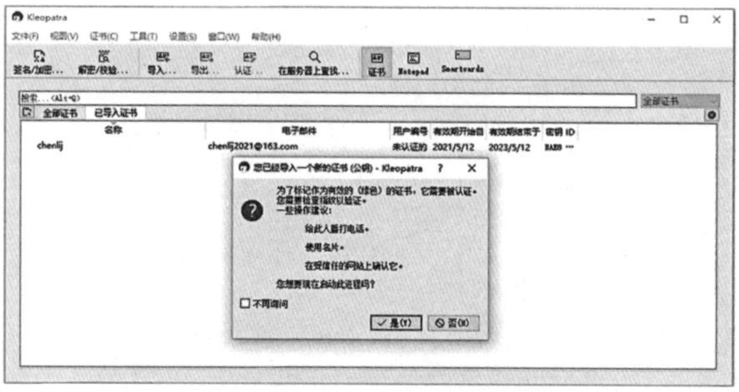

图 6-26　乙同学导入甲公钥

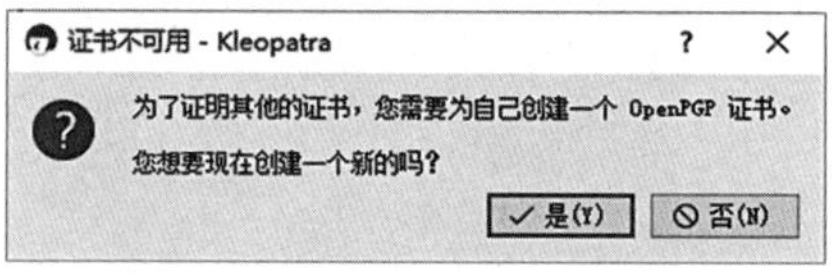

图 6-27　证书不可用提示窗口

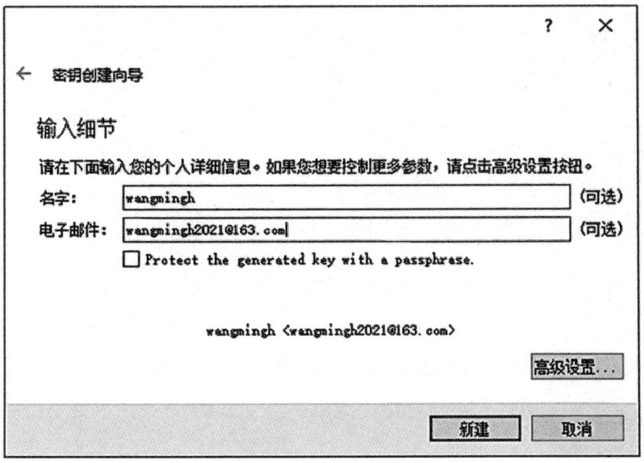

图 6-28　输入细节

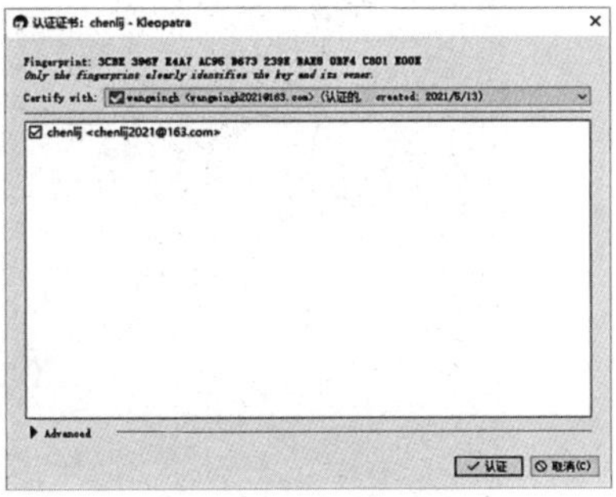

图 6-29　认证证书

乙同学启动 Outlook，点击“新建邮件”，如图 6-30 所示。可以看到邮件一栏中的最右侧的一个“Secure”选项，点击即可选择是否签名（Sign）或加密（Encrypt）。在这里两项都选，即使用甲同学的公钥对邮件加密，使用乙同学的私钥对邮件签名。点击发送，稍等片刻通知甲同学查看收件箱验证效果。

甲同学的收件箱中收到乙同学发送的邮件后，Outlook 客户端会显示一个锁图标表示该邮件经过加密，接收到加密邮件后，会使用甲的私钥自动解密，得到解密后的内容，如图 6-31 所示。如果在前面的设置中输入了通行短语，那么须输入通行短语后方可对加密内容自动解密。

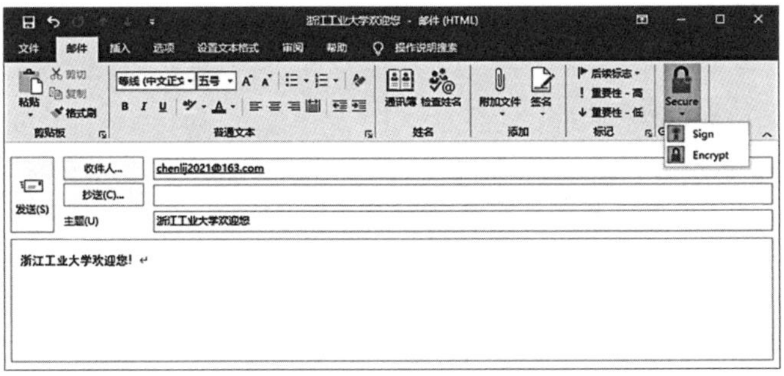

图 6-30　乙同学编辑邮件

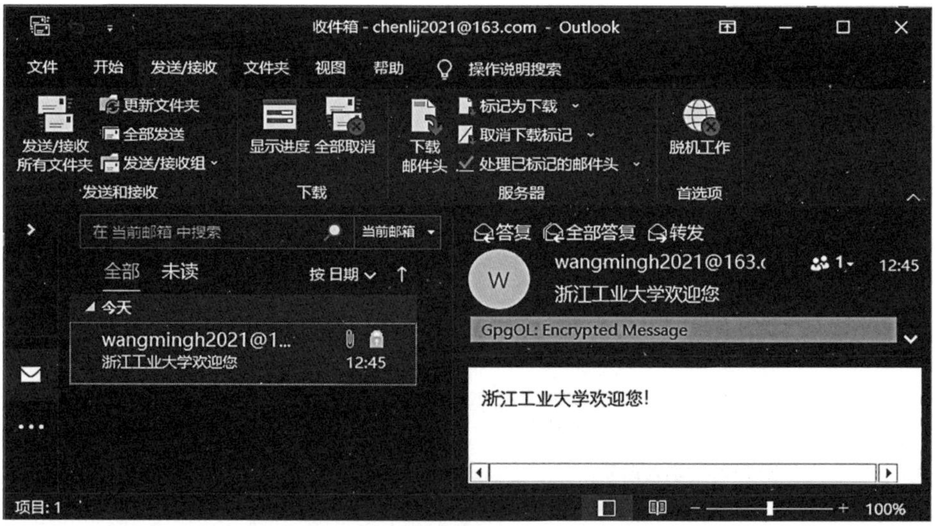

图 6-31　甲同学收到邮件后解密内容

6.2　实验二　网络安全

6.2.1　实验目的

①掌握设置电脑的 IP 默认网关和 DNS 地址的方法。

②了解网线制作的原理和方法。

6.2.2　实验内容与步骤

分别设置本机的动态和静态 IP 地址。

①以 Windows 10 系统为例，打开“控制面板”，点击查看网络状态和任务，如图 6-32 所示。

②进入“网络和共享中心”，点击“更改适配器设置”，如图 6-33 所示。

③这里显示的是电脑所有的网络（有线网络、无线网络、vpn 等），不同的用户的显示不一样，找到自己要设置 IP 地址的网络，如图 6-34 所示。

④点击右键“WLAN”，选择“WLAN 属性”，如图 6-35 所示。

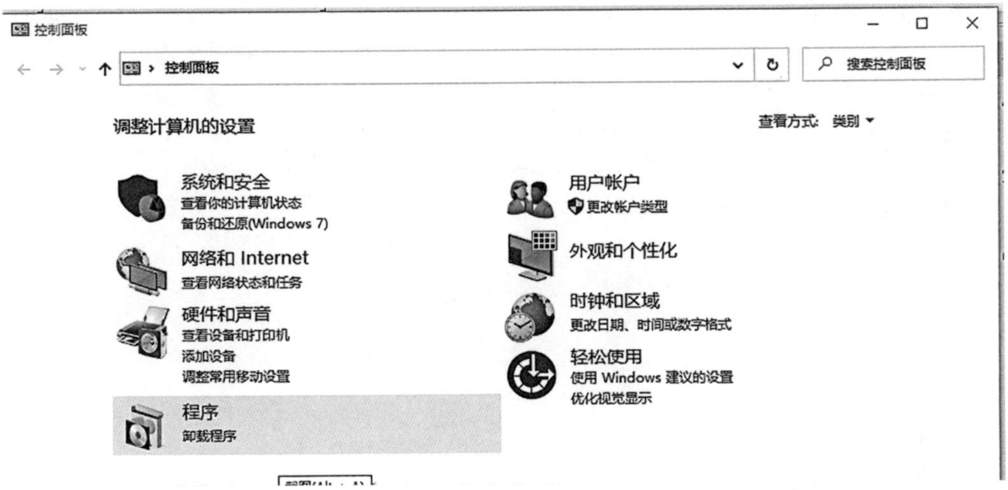

图 6-32　控制面板

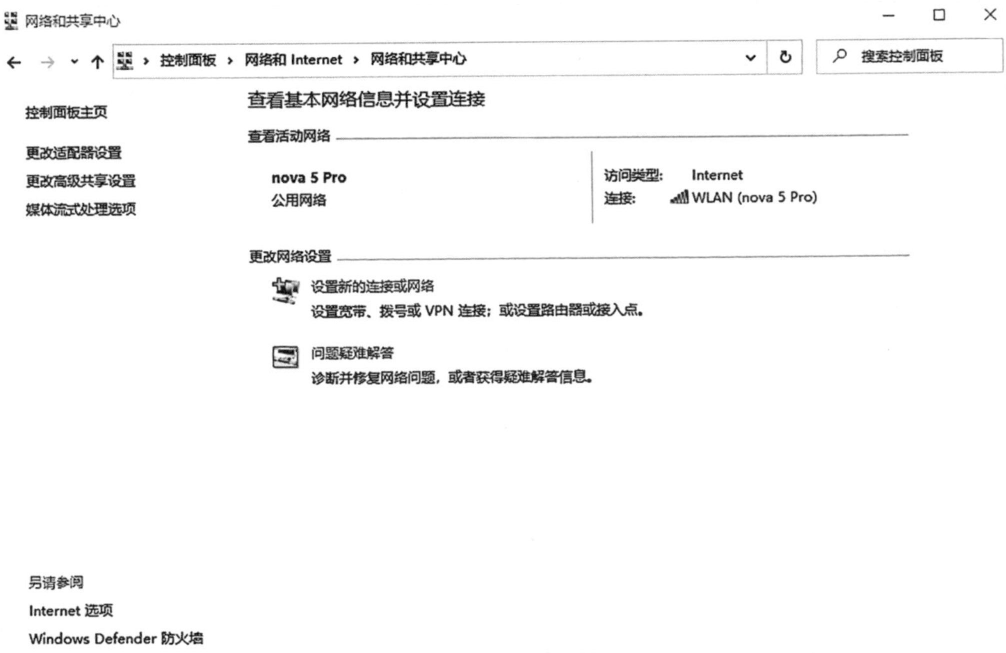

图 6-33　网络和共享中心

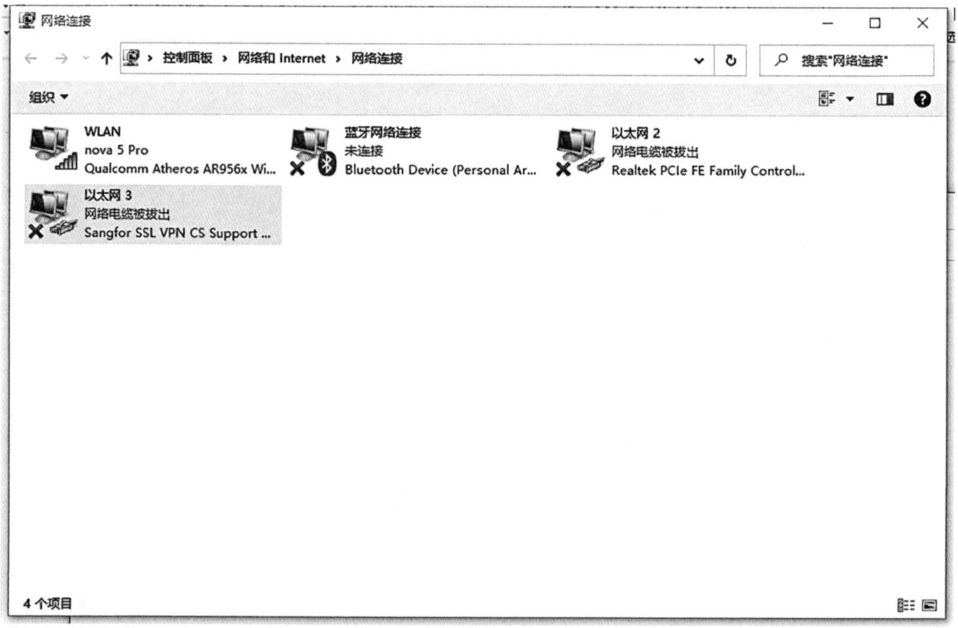

图 6-34　网络连接

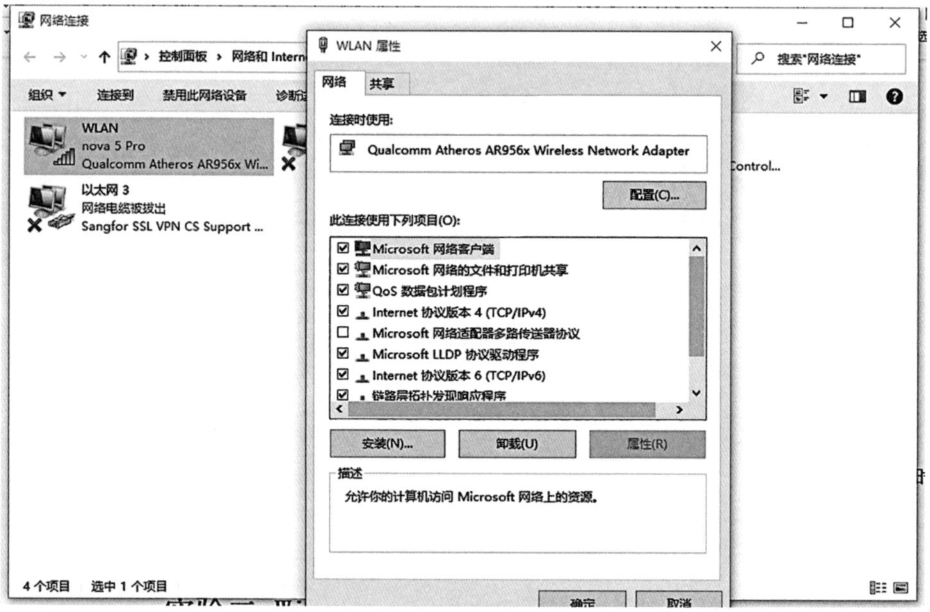

图 6-35　网络连接的属性

⑤点击 IPv4 的网络，如果要设置动态的 IP 地址，直接选择自动获取，如图 6-36 所示。

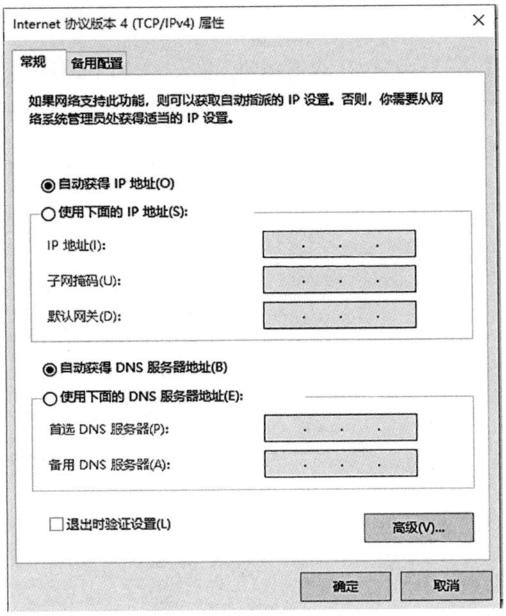

图 6-36　获取动态 IP 地址

⑥设置静态 IP 地址时，点击使用下面的 IP 地址，然后填入静态的 IP 地址和子网掩码，还有网关，如图 6-37 所示。

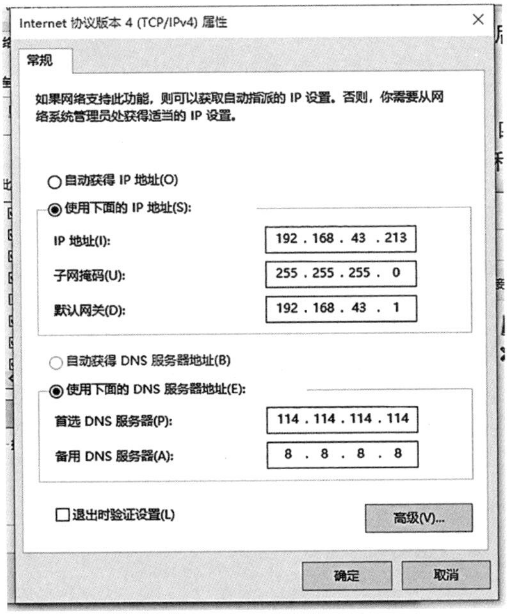

图 6-37　设置静态 IP 地址

⑦如果不知道该怎么填入这些信息，可以在网络状态常规中点击“详细信息”，来查看在 DHCP 状态下的网络信息或者键入 ipcofig 命令查看相关信息，如图 6-38 所示。

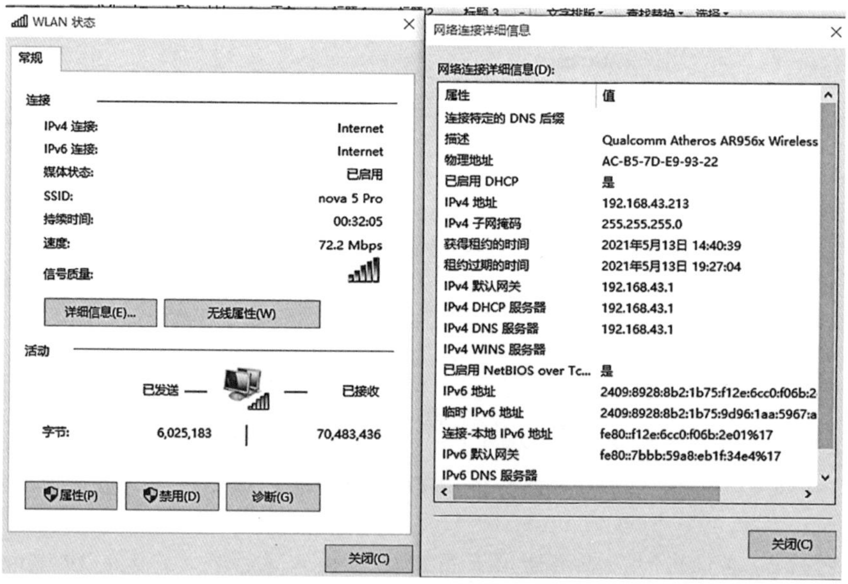

图 6-38　网络状态的详细信息

6.2.3　实训内容

1）简述直通线与交叉线各自的作用

直通线主要用于交换机（或者集线器 Hub）Uplink 口来连接另一台交换机（或者集线器 Hub）普通端口，或者交换机普通端口连接网卡。

交叉线主要用于交换机（或者集线器 Hub）普通端口连接到交换机（或者集线器 Hub）普通端口，或者网卡连接网卡。

2）分别写出制作交叉线时线缆两端的颜色顺序

一端的线序对是：1. 白橙、2. 橙、3. 白绿、4. 蓝、5. 白蓝、6. 绿、7. 白棕、8. 棕。

另一端的线序对是：1. 白绿、2. 绿、3. 白橙、4. 蓝、5. 白蓝、6. 橙、7. 白棕、8. 棕（即正线的 1、3 和 2、6 位分别对调）。

3）简述双绞线的制作过程

①准备好相关的用具，包括压线钳、网线、测线仪、水晶头等物品。

②使用压线钳将网线一端去掉外皮（注意是一端的一小段，大约 3cm）。

③去皮之后按照 2）中交叉线两端的颜色顺序进行排线序。

④排完线序用压线钳分别将两端 8 根线切齐后，插到水晶头里接着将水晶头插入压线钳，用力压紧。

⑤制作完成后，将网线两端的水晶头插入测线仪进行测试。

4）实训

①给定一个 IP 地址，请用 ping 命令查看该计算机的 NetBios 名。

②利用 ping 命令测试发送 50 个数据包的往返行程的最短时间、最长时间和平均时间。

③利用 ipconfig 命令查看本机的 IP 地址、默认网关和子网掩码。